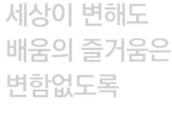

세상이 변해도
배움의 즐거움은
변함없도록

시대는 빠르게 변해도
배움의 즐거움은
변함없어야 하기에

어제의 비상은
남다른 교재부터
결이 다른 콘텐츠
전에 없던 교육 플랫폼까지

변함없는 혁신으로
교육 문화 환경의 새로운 전형을
실현해왔습니다.

비상은 오늘, 다시 한번
새로운 교육 문화 환경을 실현하기 위한
또 하나의 혁신을 시작합니다.

오늘의 내가 어제의 나를 초월하고
오늘의 교육이 어제의 교육을 초월하여
배움의 즐거움을 지속하는 혁신,

바로, 메타인지 기반 완전 학습을.

상상을 실현하는 교육 문화 기업 비상

메타인지 기반 완전 학습

초월을 뜻하는 meta와 생각을 뜻하는 인지가 결합한 메타인지는
자신이 알고 모르는 것을 스스로 구분하고 학습계획을 세우도록 하는
궁극의 학습 능력입니다. 비상의 메타인지 기반 완전 학습 시스템은
잠들어 있는 메타인지를 깨워 공부를 100% 내 것으로 만들도록 합니다.

중학 수학 1-2

Ⅰ. 기본 도형

8쪽 1 (1) ① 8 ② 12 (2) ① 6 ② 9 (3) ① 5 ② 8
2 (1) ○ (2) ○ (3) × (4) × (5) ○ (6) ×

9쪽

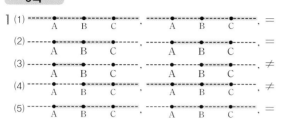

2 (1) $\overrightarrow{AC}$ (2) $\overrightarrow{BA}$ (3) $\overrightarrow{CA}$ (4) $\overline{AB}$
3 $\overrightarrow{AB}$와 $\overrightarrow{BD}$, $\overline{BC}$와 $\overline{BD}$, $\overline{AB}$와 $\overline{AC}$, $\overrightarrow{CD}$와 $\overrightarrow{DC}$
4 (1) 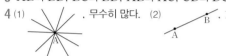 , 무수히 많다. (2) 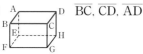 , 1

10쪽 1 (1) $\frac{1}{2}$, 3 (2) 2, 2

2 (1) $\frac{1}{2}$, 6 (2) $\frac{1}{2}$, 3 (3) 2, 2, 2, 4
3 (1) 10 cm (2) 5 cm (3) 15 cm
4 (1) 2 cm (2) 4 cm (3) 8 cm (4) 6 cm

11쪽 1 (1) ∠BAC, ∠CAB (2) ∠ABC, ∠CBA
(3) ∠ACB, ∠BCA
2 (1) 직각 (2) 예각 (3) 둔각 (4) 평각 (5) 둔각
3 (1) 180°, 180°, 60° (2) 125° (3) 70° (4) 60° (5) 65°

12쪽 1 (1) ∠EOD(또는 ∠DOE)
(2) ∠COD(또는 ∠DOC) (3) ∠AOE(또는 ∠EOA)
(4) ∠COA(또는 ∠AOC)
2 (1) ∠a=50°, ∠b=40° (2) ∠a=42°, ∠b=35°
(3) ∠a=45°, ∠b=90°
3 (1) ∠x=80°, ∠y=100° (2) ∠x=70°, ∠y=55°
(3) ∠x=25°, ∠y=65° (4) ∠x=35°, ∠y=65°

13쪽 1 (1) × (2) ○ (3) × (4) ○ (5) ○ (6) ○
2 (1) ① 점 C ② 4 cm (2) ① 점 H ② 3 cm
(3) ① 점 C ② 6 cm

14쪽 1 (1) 점 A, 점 B (2) 점 C, 점 D
2 (1) × (2) ○ (3) × (4) × (5) ○ (6) ○
3 (1) 점 C, 점 D (2) 점 A, 점 B

15쪽 1 (1) $\overline{AD}$, $\overline{BC}$ (2) $\overline{AB}$, $\overline{DC}$ (3) $\overline{AD}$ // $\overline{BC}$
2 (1) $\overline{AB}$, $\overline{DC}$ (2) $\overline{AD}$, $\overline{BC}$ (3) $\overline{AB}$ // $\overline{DC}$
3 (1) ○ (2) × (3) × (4) ○ (5) ○

16쪽 1 (1) 평행하다. (2) 한 점에서 만난다.
(3) 꼬인 위치에 있다. (4) 꼬인 위치에 있다.
2 (1) $\overline{AB}$, $\overline{AD}$, $\overline{EF}$, $\overline{EH}$ (2) $\overline{BF}$, $\overline{CG}$, $\overline{DH}$
(3) $\overline{BC}$, $\overline{CD}$, $\overline{FG}$, $\overline{GH}$
3 (1) × (2) × (3) ○ (4) ○ (5) ○ (6) ×

17~18쪽 1 (1) 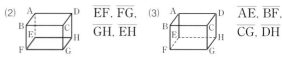 $\overline{BC}$, $\overline{CD}$, $\overline{AD}$

(2) [그림] $\overline{EF}$, $\overline{FG}$, $\overline{GH}$, $\overline{EH}$ (3) [그림] $\overline{AE}$, $\overline{BF}$, $\overline{CG}$, $\overline{DH}$
2 (1) 면 BEFC (2) 면 ADEB
(3) $\overline{AD}$, $\overline{BE}$, $\overline{CF}$ (4) $\overline{AB}$, $\overline{DE}$
3 (1) $\overline{AB}$, $\overline{BF}$, $\overline{EF}$, $\overline{AE}$ (2) $\overline{CD}$, $\overline{CG}$, $\overline{GH}$, $\overline{DH}$
(3) $\overline{AD}$, $\overline{BC}$, $\overline{FG}$, $\overline{EH}$ (4) 면 BFGC, 면 CGHD
(5) 면 AEHD, 면 ABFE (6) 면 ABCD, 면 EFGH
(7) 면 ABCD, 면 EFGH
4 (1) $\overline{AE}$, $\overline{AF}$, $\overline{FJ}$, $\overline{EJ}$ (2) $\overline{AF}$, $\overline{EJ}$, $\overline{DI}$
(3) $\overline{AF}$, $\overline{BG}$, $\overline{CH}$, $\overline{DI}$, $\overline{EJ}$ (4) 면 ABCDE, 면 ABGF
(5) 면 BGHC, 면 AFJE (6) 면 ABCDE, 면 FGHIJ
(7) 면 FGHIJ

19쪽

1 (1) [그림] 면 ABFE, (2) [그림] 면 BFGC
면 EFGH,
면 DCGH
2 (1) 면 ADEB, 면 CFEB, 면 ADFC (2) 면 DEF
3 (1) 면 ABFE, 면 BFGC, 면 CGHD, 면 AEHD
(2) 면 EFGH (3) 면 DCGH
(4) 면 ABCD, 면 CGHD (5) 면 ABFE, 면 BFGC

20쪽 **집중 연습**

1 (1) $\overline{DE}$ (2) $\overline{AC}$, $\overline{DF}$ (3) $\overline{AD}$, $\overline{DE}$, $\overline{BE}$, $\overline{AB}$
(4) $\overline{AB}$, $\overline{BC}$, $\overline{AC}$ (5) 면 ABC, 면 DEF
(6) 면 BEFC (7) 면 ABC
2 (1) $\overline{AD}$, $\overline{FG}$, $\overline{EH}$ (2) $\overline{CG}$, $\overline{DH}$, $\overline{FG}$, $\overline{EH}$
(3) $\overline{AD}$, $\overline{BC}$, $\overline{FG}$, $\overline{EH}$ (4) 면 AEHD
3 (1) $\overline{AE}$, $\overline{CG}$, $\overline{EF}$, $\overline{FG}$, $\overline{GH}$, $\overline{EH}$ (2) $\overline{AE}$, $\overline{CG}$

21~22쪽 1 (1) ∠e (2) ∠g (3) ∠b (4) ∠d
2 (1) ∠f (2) ∠e (3) ∠c (4) ∠d
3 (1) 70°, 110° (2) 105° (3) e, 110° (4) f, 100°, 80°
4 (1) 115° (2) 75° (3) 65° (4) 75° (5) 105° (6) 115°

23~24쪽 1 (1) 63° (2) 125° (3) 75° (4) 112°
2 (1) 65°, 115° (2) 133° (3) 40°, 80° (4) 65°
3 (1) ∠x=60°, ∠y=120° (2) ∠x=75°, ∠y=105°
(3) ∠x=85°, ∠y=45° (4) ∠x=75°, ∠y=130°
(5) ∠x=55°, ∠y=125° (6) ∠x=48°, ∠y=132°
4 50°, 95° 5 (1) 115° (2) 66° (3) 44°

25쪽 1 (1) ○ (2) × (3) 120°, × (4) 70°, ○
2 (1) l // m (2) l // n (3) l // n, p // q

26~27쪽 **대단원 개념 마무리**

1 (1) 12, 18 (2) 8, 12 2 (1) ○ (2) × (3) ○ (4) ×
3 (1) = (2) ≠ (3) = (4) = 4 (1) 18 cm (2) 24 cm
5 (1) 27°, 78°, 41° (2) 90° (3) 115°, 148° (4) 180°
6 (1) 75° (2) 15°
7 (1) ∠x=25°, ∠y=110° (2) ∠x=85°, ∠y=65°
8 (1) 점 B (2) 4 cm (3) $\overline{AD}$, $\overline{BC}$ (4) $\overline{AD}$ // $\overline{BC}$
9 (1) 점 C, 점 E (2) 점 B, 점 D, 점 E

88쪽

1 (1) 3^3(또는 27), 36π (2) $\dfrac{500}{3}\pi\,\mathrm{cm}^3$ (3) $\dfrac{256}{3}\pi\,\mathrm{cm}^3$

2 (1) 2^3(또는 8), $\dfrac{16}{3}\pi$ (2) $18\pi\,\mathrm{cm}^3$ 3 $512\pi\,\mathrm{cm}^3$

89~91쪽 대단원 개념 마무리

1 (1) ㄱ, ㄴ, ㄷ, ㅁ (2) ㄱ, ㄷ (3) ㄱ, ㄴ, ㄷ (4) ㅁ

2 (1) ○ (2) ○ (3) × (4) ○

3 (1) 정육면체 (2) 점 F (3) 면 MFEN 4 (1) ㄷ (2) ㄱ (3) ㄴ

5

6 (1) $a=5$, $b=3$, $c=6\pi$ (2) $a=4$, $b=8$, $c=14\pi$

7 (1) ① $224\,\mathrm{cm}^2$ ② $196\,\mathrm{cm}^3$ (2) ① $192\pi\,\mathrm{cm}^2$ ② $360\pi\,\mathrm{cm}^3$

8 (1) $10\pi\,\mathrm{cm}^3$ (2) $128\pi\,\mathrm{cm}^3$

9 (1) ① $360\,\mathrm{cm}^2$ ② $400\,\mathrm{cm}^3$ (2) ① $216\pi\,\mathrm{cm}^2$ ② $324\pi\,\mathrm{cm}^3$

10 (1) ① $360\,\mathrm{cm}^2$ ② $336\,\mathrm{cm}^3$ (2) ① $90\pi\,\mathrm{cm}^2$ ② $84\pi\,\mathrm{cm}^3$

11 (1) ① $324\pi\,\mathrm{cm}^2$ ② $972\pi\,\mathrm{cm}^3$

(2) ① $48\pi\,\mathrm{cm}^2$ ② $\dfrac{128}{3}\pi\,\mathrm{cm}^3$

12 (1) ① $18\pi\,\mathrm{cm}^3$ ② $45\pi\,\mathrm{cm}^3$ ③ $63\pi\,\mathrm{cm}^3$

(2) ① $\dfrac{128}{3}\pi\,\mathrm{cm}^3$ ② $\dfrac{112}{3}\pi\,\mathrm{cm}^3$ ③ $80\pi\,\mathrm{cm}^3$

Ⅴ. 통계

94쪽 1 (1) 2 (2) 2, 4, 3 (3) 15 (4) 6.5 (5) 6 (6) 11

2 (1) 3 (2) 11 (3) 7

95쪽 1 (1) 8 (2) 44, 55, 66 (3) 100 (4) 소

2 A형 3 16 GB, 32 GB 4 튀김

96쪽 집중 연습

1 9, 12, 15, 17, 17, 20, 21, 24 (1) 15점 (2) 16점 (3) 17점

2 (1) 24세 (2) 26세 (3) 26세, 31세

3 (1) 25시간 (2) 14시간 (3) 중앙값 4 최빈값, 5만 원

97쪽 1

줄넘기 기록

(1|3은 13회)

줄기	잎
1	3 4 4 5 9
2	1 2 3 3 6 7 9
3	0 2 5 6 7
4	1 2 4

(1) 십, 일 (2) 4, 4, 5, 9 (3) 20, 20

(4) 36, 37, 41, 42, 44, 6

2 (1) 4 (2) 21명 (3) 28회 (4) 7명

98~99쪽 1

사용 시간(분)	학생 수(명)
0이상 ~ 20미만	//// 4
20 ~ 40	//// 5
40 ~ 60	//// 4
60 ~ 80	//// / 6
80 ~ 100	//// 5
합계	24

(1) 5 (2) 20 (3) 6, 60, 80 (4) 9

2 (1) 20송이 (2) 20송이 이상 40송이 미만

(3) 80송이 이상 100송이 미만 (4) 19일

3 10 4 (1) 10 cm (2) 13 (3) 18명

5 (1) 9명 (2) 9, 18 (3) 14명 (4) 28 %

100~101쪽 1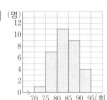

2 9, 11, 2 (1) 10

(2) 5 (3) 90, 100

(4) 2, 9

(5) 9, 11, 2, 35

3 (1) 10 L (2) 50 L 이상 60 L 미만 (3) 16명 (4) 30명

(5) 12명 (6) 40 %

4 (1) × (2) ○ (3) × (4) ○ (5) × (6) ○

102~103쪽 1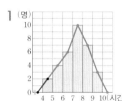

2 (1) 10 (2) 5

(3) 50, 60 (4) 2, 8

(5) 6, 8, 30

3 (1) 2회 (2) 6 (3) 40명 (4) 12명 (5) 14명 (6) 35 %

4 (1) × (2) × (3) ○ (4) ○ (5) × (6) ○

104~105쪽 1 0.25, 0.4, 0.2, 0.1

2 0.2, 0.25, 0.35, 0.15, 0.05, 1

3 (1) 0.3, 30 (2) 35 % (3) 50 %

4 (1) 0.3, 9 (2) 32 (3) 0.08, 125 (4) 300

5 24, 32, 20, 14, 100

6 (1) 0.1, 50 (2) 50, 10 (3) 50, 0.16 (4) 50, 0.32 (5) 1

(6) 26 %

106~107쪽 1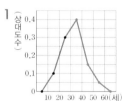

2 0.16, 0.32, 0.24, 0.2, 1

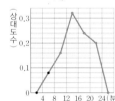

3 (1) 0.04 (2) 0.04, 2 (3) 0.3, 15 (4) 0.48, 48 (5) 0.2, 10

4 (1) 50점 이상 60점 미만 (2) 8명 (3) 26명 (4) 32 % (5) 42명

108~109쪽 1 (1) A 중학교: 0.24, 0.32, 0.18, 0.1, 1

B 중학교: 0.12, 0.24, 0.3, 0.28, 1

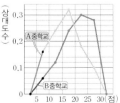

(2) 0.24, 0.12, A 중학교 (3) 0.28, 0.58, B 중학교 (4) B 중학교

2 (1) A 중학교 (2) B 중학교 (3) 70명 (4) 35명 (5) B 중학교

3 (1) × (2) × (3) × (4) ○ (5) ○

교과서
개념
잡기

중학 수학
1·2

structure

단원별 중요 개념만을
모아 모아!
알기 쉽게 설명했어요.

기본 문제로 개념 이해 쏙쏙!
중요 개념은 기억 하자로
콕! 짚어 놓았어요.

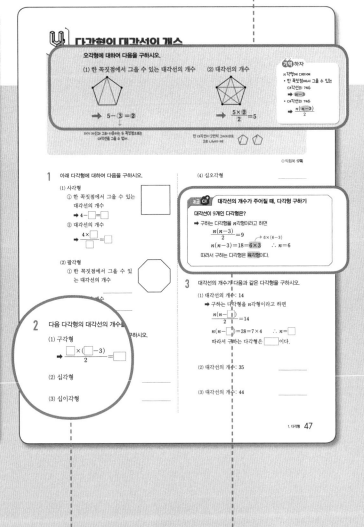

바로바로 풀리는 개념 CHECK 로
개념을 확실히 잡을 수 있어요.

유사 문제를 풀고! 풀고!
반복 학습을
할 수 있어요.

개념 설명이 필요한
문제는 조금 더 에
핵심 개념을 넣었어요.

● 단원별 마무리 문제로
실력을 점검해 봐요.

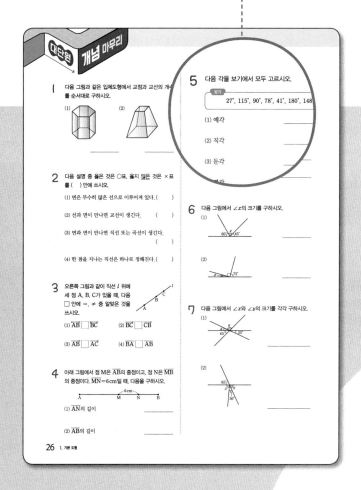

익힘북

개념별 문제를
한 번 더 확인해요.

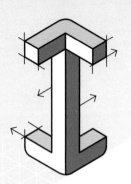

기본 도형

개념
CHECK

I·1 기본 도형

❶ 점, 선, 면 ← 도형의 기본 요소

(1) **교점**: 선과 선 또는 선과 면이 만나서 생기는 점
(2) **교선**: 면과 면이 만나서 생기는 선 ⟶ 직선 또는 곡선

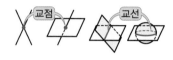

❷ 직선, 반직선, 선분

(1) 한 점을 지나는 직선은 무수히 많지만 서로 다른 두 점을 지나는 직선은 오직 하나 뿐이다. ➡ 서로 다른 두 점은 직선 하나를 결정한다.

• 다음을 기호로 나타내면

직선 BA ➡ ❶ [　]

반직선 CD ➡ ❷ [　]

선분 AC ➡ ❸ [　]

(2)

직선 AB	반직선 AB	선분 AB
·────·──── l A　　B	·- - -·- - - - A　　B	·───────· A　　B
기호 $\overrightarrow{AB}$ ← $\overleftrightarrow{AB}=\overleftrightarrow{BA}$	기호 $\overrightarrow{AB}$ ← $\overrightarrow{AB}≠\overrightarrow{BA}$	기호 $\overline{AB}$ ← $\overline{AB}=\overline{BA}$

참고 직선 AB를 간단히 직선 l로 나타내기도 한다.

(3) **두 점 A, B 사이의 거리** : 서로 다른 두 점 A, B를 잇는 무 수히 많은 선 중에서 길이가 가장 짧은 선분 AB의 길이

참고 $\overline{AB}$는 선분을 나타내기도 하고, 그 선분의 길이를 나타내기도 한다.

(4) **선분 AB의 중점**

선분 AB 위의 한 점 M에 대하여 $\overline{AM}=\overline{MB}$일 때, 점 M을 선분 AB의 **중점**이라고 한다. ⟶ $\overline{AM}=\overline{MB}=\frac{1}{2}\overline{AB}$

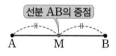

• 다음 그림에서 점 M이 $\overline{AB}$의 중점일 때

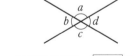

$\overline{MB}=$ ❹ [　] cm, $\overline{AB}=$ ❺ [　] cm

❸ 각

(1) **각 AOB**: 한 점 O에서 시작하는 두 반직선 OA, OB로 이 루어진 도형

기호 ∠AOB, ∠BOA, ∠O, ∠a
꼭짓점이 항상 가운데 와야 해.

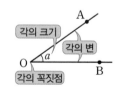

참고 • ∠AOB는 각을 나타내기도 하고, 그 각의 크기를 나타내기도 한다.
• ∠AOB는 보통 크기가 작은 쪽의 각을 말한다.

(2) **맞꼭지각**

① **교각**: 두 직선이 한 점에서 만날 때 생기는 네 개의 각
➡ ∠a, ∠b, ∠c, ∠d

② **맞꼭지각**: 교각 중에서 서로 마주 보는 각
➡ ∠a와 ∠c, ∠b와 ∠d

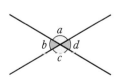

③ **맞꼭지각의 성질**: 맞꼭지각의 크기는 서로 같다.
➡ ∠a=∠c, ∠b=∠d

• 다음 그림에서 ∠a=120°일 때

∠c의 맞꼭지각은 ∠❻ [　]이므로 ∠c
의 크기는 ❼ [　]이다.

④ 직교와 수선

(1) **직교**: 두 직선 AB와 CD의 교각이 직각일 때, 이 두 직선은 직교한다 또는 서로 수직이라고 한다. 기호 $\overrightarrow{AB} \perp \overrightarrow{CD}$
이때 한 직선을 다른 직선의 수선이라고 한다.

(2) **수직이등분선**: 선분 AB의 중점 M을 지나고 선분 AB에 수직인 직선 ➡ 직선 CD ← $\overline{AM}=\overline{BM}$, $\overleftrightarrow{AB} \perp \overleftrightarrow{CD}$

(3) **수선의 발**: 직선 l 위에 있지 않은 점 P에서 직선 l에 수선을 그었을 때 생기는 교점 ➡ 점 H

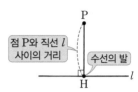

점 P와 직선 l 사이의 거리 / 수선의 발

개념
CHECK

- 다음 그림에서

$\overleftrightarrow{PQ}$는 선분 AB의 ⑧ 이고, 점 H는 점 P에서 $\overleftrightarrow{AB}$에 내린 ⑨ 이다.

Ⅰㆍ2 위치 관계

❶ 위치 관계

(1) **평면과 공간에서 두 직선의 위치 관계**

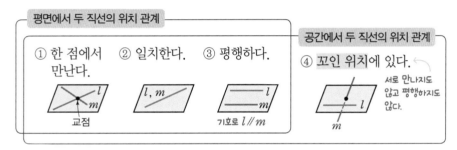

평면에서 두 직선의 위치 관계
① 한 점에서 만난다. ② 일치한다. ③ 평행하다.
교점 / l, m / 기호로 $l \parallel m$

공간에서 두 직선의 위치 관계
④ 꼬인 위치에 있다. ← 서로 만나지도 않고 평행하지도 않다.

(2) **공간에서 직선과 평면의 위치 관계**

① 포함된다. ② 한 점에서 만난다. ③ 평행하다.

  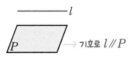

교점 / 기호로 $l \parallel P$

- 한 평면 위에 있는 두 직선 l, m이 서로 만나지 않을 때, 두 직선 l, m은 ⑩ 하다고 하며 기호로 l ⑪ m과 같이 나타낸다.

❷ 평행선의 성질

(1) **동위각과 엇각**: 한 평면 위의 서로 다른 두 직선 l, m이 다른 한 직선 n과 만나서 생기는 각 중에서

① 동위각: 같은 위치에 있는 각
➡ $\angle a$와 $\angle e$, $\angle b$와 $\angle f$, $\angle c$와 $\angle g$, $\angle d$와 $\angle h$ → 총 4쌍

② 엇각: 엇갈린 위치에 있는 각
➡ $\angle b$와 $\angle h$, $\angle c$와 $\angle e$ → 총 2쌍

주의 엇각은 두 직선 l, m 사이의 각에 대해서만 생각한다.

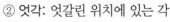

(2) **평행선에서 동위각과 엇각의 성질**

서로 다른 두 직선이 한 직선과 만날 때

① 두 직선이 평행하면 동위각의 크기는 서로 같다.

② 두 직선이 평행하면 엇각의 크기는 서로 같다.

③ 동위각의 크기가 서로 같으면 두 직선은 평행하다.

④ 엇각의 크기가 서로 같으면 두 직선은 평행하다.

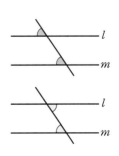

정답
❶ $\overrightarrow{BA}$ ❷ $\overleftrightarrow{CD}$ ❸ $\overleftrightarrow{AC}$ ❹ 4 ❺ 8
❻ a ❼ 120° ❽ 수직이등분선
❾ 수선의 발 ❿ 평행 ⑪ $\parallel$

1 교점과 교선

▶ 정답과 해설 2쪽

다음 그림과 같은 입체도형에서 교점과 교선의 개수를 각각 구하시오.

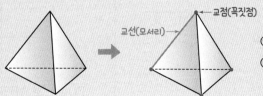

(교점의 개수)＝(꼭짓점의 개수)＝4
(교선의 개수)＝(모서리의 개수)＝6

● 평면도형 VS 입체도형 ●
• 평면도형: 한 평면 위에 있는 도형
• 입체도형: 한 평면 위에 있지 않은 도형

◎익힘북 2쪽

1 다음 그림과 같은 입체도형에서 교점과 교선의 개수를 구하시오.

(1)
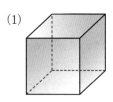
① 교점의 개수: _____
② 교선의 개수: _____

(2)
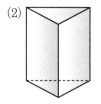
① 교점의 개수: _____
② 교선의 개수: _____

(3)

① 교점의 개수: _____
② 교선의 개수: _____

2 다음 설명 중 옳은 것은 ○표, 옳지 않은 것은 ×표를 ( ) 안에 쓰시오.

(1) 도형의 기본 요소는 점, 선, 면이다. (   )

(2) 점이 움직인 자리는 선이 되고, 선이 움직인 자리는 면이 된다. (   )

(3) 한 평면 위에 있는 도형은 입체도형이다. (   )

(4) 교점은 선과 선이 만날 때만 생긴다. (   )

(5) 면과 면이 만나면 교선이 생긴다. (   )

(6) 한 입체도형에서 교점의 개수는 모서리의 개수와 같다. (   )

직선, 반직선, 선분

다음 기호를 주어진 그림 위에 나타내시오.

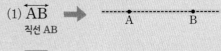

(1) $\overleftrightarrow{AB}$ 직선 AB

(2) $\overline{AB}$ 선분 AB

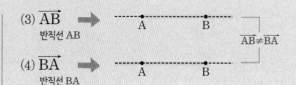

(3) $\overrightarrow{AB}$ 반직선 AB

(4) $\overrightarrow{BA}$ 반직선 BA

$\overrightarrow{AB} \neq \overrightarrow{BA}$

1 다음 기호를 주어진 그림 위에 나타내고, □ 안에 ＝ 또는 ≠ 중에서 알맞은 것을 쓰시오.

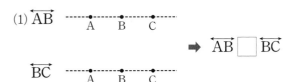

(1) $\overleftrightarrow{AB}$ ......A B C

$\overleftrightarrow{BC}$ ......A B C

➡ $\overleftrightarrow{AB}$ □ $\overleftrightarrow{BC}$

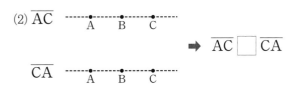

(2) $\overline{AC}$ ......A B C

$\overline{CA}$ ......A B C

➡ $\overline{AC}$ □ $\overline{CA}$

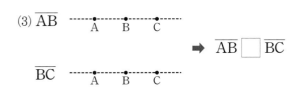

(3) $\overrightarrow{AB}$ ......A B C

$\overrightarrow{BC}$ ......A B C

➡ $\overrightarrow{AB}$ □ $\overrightarrow{BC}$

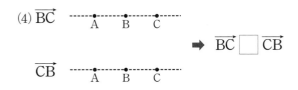

(4) $\overrightarrow{BC}$ ......A B C

$\overrightarrow{CB}$ ......A B C

➡ $\overrightarrow{BC}$ □ $\overrightarrow{CB}$

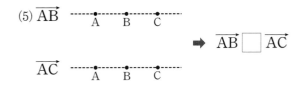

(5) $\overrightarrow{AB}$ ......A B C

$\overrightarrow{AC}$ ......A B C

➡ $\overrightarrow{AB}$ □ $\overrightarrow{AC}$

2 다음 그림과 같이 직선 위에 세 점 A, B, C가 있을 때, □ 안에 알맞은 도형을 보기에서 골라 쓰시오.

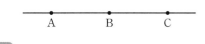

A B C

보기

$\overrightarrow{BA}$, $\overrightarrow{CB}$, $\overrightarrow{AB}$, $\overrightarrow{AC}$, $\overrightarrow{CA}$, $\overleftrightarrow{AC}$, $\overrightarrow{BC}$, $\overline{BA}$

(1) $\overrightarrow{BC}=$ □

(2) $\overline{AB}=$ □

(3) $\overrightarrow{CB}=$ □

(4) $\overleftrightarrow{AC}=$ □

3 다음 그림과 같이 직선 위에 네 점 A, B, C, D가 있을 때, 보기의 도형 중 같은 것끼리 짝 지으시오.

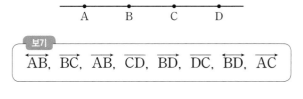

A B C D

보기

$\overrightarrow{AB}$, $\overrightarrow{BC}$, $\overline{AB}$, $\overline{CD}$, $\overrightarrow{BD}$, $\overrightarrow{DC}$, $\overleftrightarrow{BD}$, $\overleftrightarrow{AC}$

_____

4 다음 주어진 점을 모두 지나는 직선을 가능한 한 그리고, 그 개수를 구하시오.

(1)

•A

(2)

•B

•A

_____   _____

두 점 사이의 거리와 선분의 중점

▶정답과 해설 2쪽

오른쪽 그림에서 점 M은 $\overline{AB}$의 중점이고, 점 N은 $\overline{MB}$의 중점이다.
$\overline{AB}=16\,cm$일 때, 다음을 구하시오.

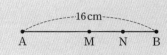

(1) $\overline{AM}$의 길이 $\xrightarrow{\substack{\text{점 M은}\\ \overline{AB}\text{의 중점}}}$ 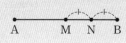 $\longrightarrow$ $\overline{AM}=\dfrac{1}{2}\overline{AB}=\dfrac{1}{2}\times16=8(cm)$

(2) $\overline{MN}$의 길이 $\xrightarrow{\substack{\text{점 N은}\\ \overline{MB}\text{의 중점}}}$  $\longrightarrow$ $\overline{MN}=\dfrac{1}{2}\overline{MB}=\dfrac{1}{2}\times8=4(cm)$

(1)에서 $\overline{MB}=\overline{AM}=8\,cm$

◎익힘북 3쪽

1 다음 그림에서 점 M이 $\overline{AB}$의 중점일 때, □ 안에 알맞은 수를 쓰시오.

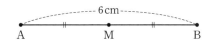

(1) $\overline{AM}=\overline{MB}=\boxed{}\overline{AB}=\boxed{}\,cm$

(2) $\overline{AB}=\boxed{}\overline{AM}=\boxed{}\overline{MB}$

2 다음 그림에서 점 M은 $\overline{AB}$의 중점이고, 점 N은 $\overline{AM}$의 중점이다. $\overline{AB}=12\,cm$일 때, □ 안에 알맞은 수를 쓰시오.

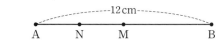

(1) $\overline{AM}=\boxed{}\overline{AB}=\boxed{}\,cm$

(2) $\overline{AN}=\boxed{}\overline{AM}=\boxed{}\,cm$

(3) $\overline{AB}=\boxed{}\overline{AM}=\boxed{}\times\boxed{}\overline{AN}=\boxed{}\overline{AN}$

3 아래 그림에서 점 M은 $\overline{AB}$의 중점이고, 점 N은 $\overline{MB}$의 중점이다. $\overline{AB}=20\,cm$일 때, 다음을 구하시오.

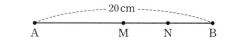

(1) $\overline{AM}$의 길이 _____

(2) $\overline{MN}$의 길이 _____

(3) $\overline{AN}$의 길이 _____

4 아래 그림에서 점 M은 $\overline{AB}$의 중점이고, 점 N은 $\overline{AM}$의 중점이다. $\overline{NM}=2\,cm$일 때, 다음을 구하시오.

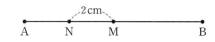

(1) $\overline{AN}$의 길이 _____

(2) $\overline{MB}$의 길이 _____

(3) $\overline{AB}$의 길이 _____

(4) $\overline{NB}$의 길이 _____

 **각**

아래 그림에서 다음 각을 평각, 직각, 예각, 둔각으로 분류하시오.

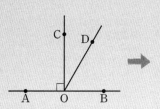

(1) ∠AOB	(2) ∠BOC	(3) ∠DOB	(4) ∠AOD
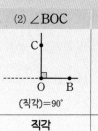	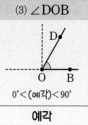	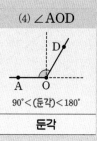	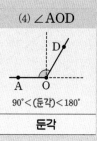
(평각)=180°	(직각)=90°	0°<(예각)<90°	90°<(둔각)<180°
평각	**직각**	**예각**	**둔각**

○ 익힘북 3쪽

1 아래 그림에서 다음 각을 A, B, C를 사용하여 나타낼 때, □ 안에 알맞은 것을 보기에서 골라 쓰시오.

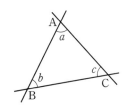

보기
∠ABC, ∠ACB,
∠BAC, ∠BCA,
∠CAB, ∠CBA

(1) ∠a ➡ ☐ , ☐

(2) ∠b ➡ ☐ , ☐

(3) ∠c ➡ ☐ , ☐

2 다음 각을 평각, 직각, 예각, 둔각으로 분류하시오.

(1) 90° ＿＿＿＿＿

(2) 50° ＿＿＿＿＿

(3) 165° ＿＿＿＿＿

(4) 180° ＿＿＿＿＿

(5) 95° ＿＿＿＿＿

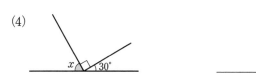

3 다음 그림에서 ∠x의 크기를 구하시오.

(1)

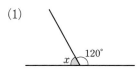

➡ 평각의 크기는 ☐ 이므로

∠x+120°=☐   ∴ ∠x=☐

(2)

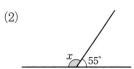

＿＿＿＿＿

(3)

＿＿＿＿＿

(4)

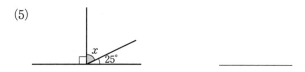

＿＿＿＿＿

(5)

＿＿＿＿＿

맞꼭지각

▶ 정답과 해설 2쪽

아래 그림과 같이 두 직선이 한 점에서 만날 때, 다음을 구하시오.

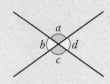

(1) ∠a의 맞꼭지각 ➡ ∠c

(2) ∠b의 맞꼭지각 ➡ ∠d

(3) ∠$a=110°$일 때, ∠c의 크기 ➡ ∠$c=∠a=110°$

맞꼭지각의 크기는 서로 같음을 이용해!

◐익힘북 4쪽

1 오른쪽 그림에서 다음 각의 맞꼭지각을 기호로 나타내시오.

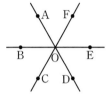

(1) ∠AOB _____

(2) ∠AOF _____

(3) ∠BOD _____

(4) ∠DOF _____

2 다음 그림에서 ∠a와 ∠b의 크기를 각각 구하시오.

(1)

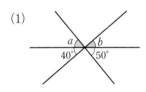

_____

(2)

_____

(3)

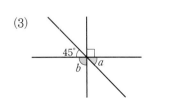

_____

조금 더+ 맞꼭지각의 성질을 이용하여 각의 크기 구하기

다음 그림에서 ∠x와 ∠y의 크기를 각각 구하면?

맞꼭지각의 성질 이용

평각 이용

➡ ∠$x=120°$(맞꼭지각)

➡ ∠$y+120°=180°$(평각)

∴ ∠$y=60°$

3 다음 그림에서 ∠x와 ∠y의 크기를 각각 구하시오.

(1)

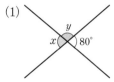

_____

(2)

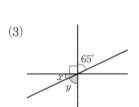

_____

(3)

_____

(4)

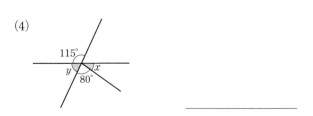

_____

직교, 수직이등분선, 수선의 발

▶ 정답과 해설 3쪽

다음 그림에서 ∠AOC＝90°일 때, □ 안에 알맞은 것을 쓰시오.

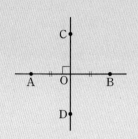

(1) $\overleftrightarrow{AB}$ ⊥ $\overleftrightarrow{CD}$

(2) $\overleftrightarrow{AB}$의 수선은 $\overleftrightarrow{CD}$ 이다.

(3) 점 C에서 $\overleftrightarrow{AB}$에 내린 수선의 발은 점 O 이다.

(4) 점 C와 $\overleftrightarrow{AB}$ 사이의 거리는 선분 CO 의 길이이다.

● 점과 직선 사이의 거리 ●

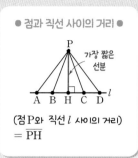

(점 P와 직선 l 사이의 거리)
＝ $\overline{PH}$

◐ 익힘북 4쪽

1 다음 그림과 같은 사다리꼴 ABCD에 대한 설명 중 옳은 것은 ○표, 옳지 <u>않은</u> 것은 ×표를 ( ) 안에 쓰시오.

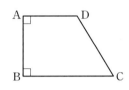

(1) $\overline{AB}$⊥$\overline{CD}$ (   )

(2) $\overline{AD}$와 직교하는 선분은 $\overline{AB}$이다.   (   )

(3) $\overline{AD}$의 수선은 $\overline{CD}$이다.   (   )

(4) $\overline{AB}$는 $\overline{BC}$의 수선이다.   (   )

(5) 점 C에서 $\overline{AB}$에 내린 수선의 발은 점 B이다.
                                        (   )

(6) 점 A와 $\overline{BC}$ 사이의 거리는 선분 AB의 길이이다.   (   )

2 아래 그림을 보고, 다음을 구하시오.

(1)
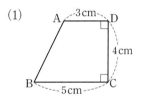

① 점 B에서 $\overline{CD}$에 내린 수선의 발 _____

② 점 C와 $\overline{AD}$ 사이의 거리 _____

(2)
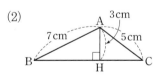

① 점 A에서 $\overline{BC}$에 내린 수선의 발 _____

② 점 A와 $\overline{BC}$ 사이의 거리 _____

(3)
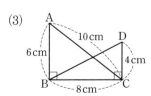

① 점 B에서 $\overline{CD}$에 내린 수선의 발 _____

② 점 A와 $\overline{BC}$ 사이의 거리 _____

점과 직선의 위치 관계

▶ 정답과 해설 3쪽

아래 그림에서 다음을 구하시오.

• B

A

————————— l

(1) 직선 l 위에 있는 점 ➡ 점 A → 직선 l은 점 A를 지난다.

(2) 직선 l 위에 있지 않은 점 ➡ 점 B → 직선 l은 점 B를 지나지 않는다.

○ 익힘북 **5쪽**

1 아래 그림에서 다음을 모두 구하시오.

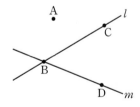

(1) 직선 l 위에 있는 점 _____

(2) 직선 l 위에 있지 않은 점 _____

2 다음 그림에 대한 설명 중 옳은 것은 ○표, 옳지 <u>않은</u> 것은 ×표를 ( ) 안에 쓰시오.

(1) 점 A는 직선 l 위에 있다. ( )

(2) 직선 m은 점 A를 지나지 않는다. ( )

(3) 점 C는 직선 l 위에 있지 않다. ( )

(4) 직선 l은 점 B를 지나지 않는다. ( )

(5) 직선 m은 두 점 B, D를 지난다. ( )

(6) 점 B는 두 직선 l, m 위에 동시에 있다. ( )

> **TIP** **점과 평면의 위치 관계**
>
>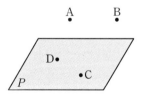
>
> • 점 A는 평면 P 위에 있다.
> → 평면 P가 점 A를 포함한다.
> • 점 B는 평면 P 위에 있지 않다.
> → 평면 P가 점 B를 포함하지 않는다.

3 아래 그림에서 다음을 모두 구하시오.

A   B

D•
•C
P

(1) 평면 P 위에 있는 점 _____

(2) 평면 P 위에 있지 않은 점 _____

평면에서 두 직선의 위치 관계

▶ 정답과 해설 3쪽

다음 그림에서 두 직선 l, m의 위치 관계를 보기에서 고르시오.

기호로
$l /\!/ m$

보기

ㄱ. 한 점에서 만난다.
ㄴ. 일치한다.
ㄷ. 평행하다.

(1)

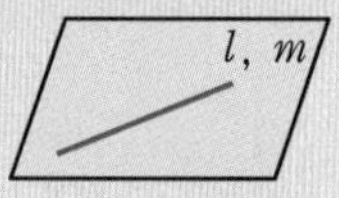

l, m

➡ ㄴ. 일치한다.

(2)

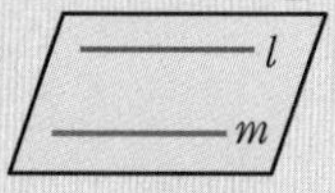

l
m

➡ ㄷ. 평행하다.
↳ 만나지 않는다.

(3)

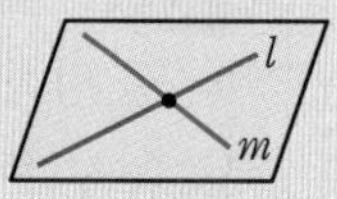

l
m

➡ ㄱ. 한 점에서 만난다.

○익힘북 5쪽

1 아래 그림과 같은 평행사변형 ABCD에서 다음을 모두 구하시오.

A D
B C

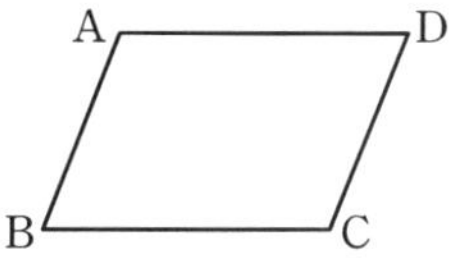

(1) 변 AB와 한 점에서 만나는 변 _____

(2) 변 AD와 한 점에서 만나는 변 _____

(3) 변 AD와 평행한 변을 찾아 기호 $/\!/$를 써서 나타내시오. _____

2 아래 그림과 같은 직사각형 ABCD에서 다음을 모두 구하시오.

A D
B C

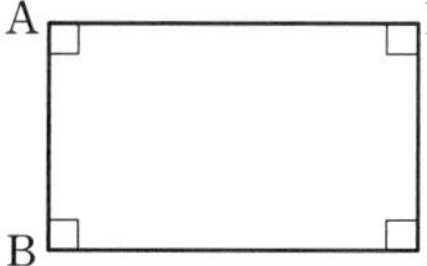

(1) 변 BC와 한 점에서 만나는 변 _____

(2) 변 AB와 수직으로 만나는 변 _____

(3) 변 AB와 평행한 변을 찾아 기호 $/\!/$를 써서 나타내시오. _____

3 다음 그림과 같은 사다리꼴 ABCD에 대한 설명 중 옳은 것은 ○표, 옳지 <u>않은</u> 것은 ×표를 ( ) 안에 쓰시오.

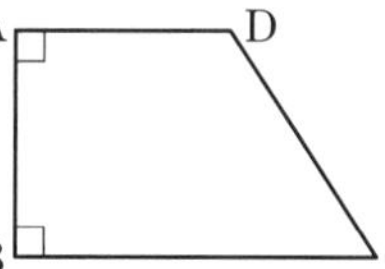

A D
B C

(1) $\overline{BC}$와 $\overline{CD}$는 한 점에서 만난다. ( )

(2) $\overline{AB} /\!/ \overline{DC}$ ( )

(3) $\overline{BC} \perp \overline{CD}$ ( )

(4) $\overline{AB} \perp \overline{AD}$ ( )

(5) $\overline{AD} /\!/ \overline{BC}$ ( )

공간에서 두 직선의 위치 관계

▶ 정답과 해설 3쪽

다음 그림과 같은 정육면체에서 색칠한 두 모서리의 위치 관계를 보기에서 고르시오.

보기
ㄱ. 한 점에서 만난다.
ㄴ. 일치한다.
ㄷ. 평행하다.
ㄹ. 꼬인 위치에 있다.

(1)
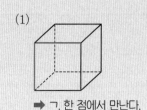
➡ ㄱ. 한 점에서 만난다.

(2)
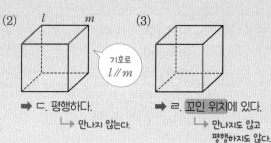
기호로
$l /\!/ m$
➡ ㄷ. 평행하다.
└▸ 만나지 않는다.

(3)
➡ ㄹ. 꼬인 위치에 있다.
└▸ 만나지도 않고
평행하지도 않다.

◎ 익힘북 6쪽

1 오른쪽 그림과 같은 삼각기둥에서 다음 두 모서리의 위치 관계를 구하시오.

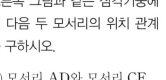

(1) 모서리 AD와 모서리 CF

_____

(2) 모서리 DF와 모서리 FE _____

(3) 모서리 AC와 모서리 BE _____

(4) 모서리 BC와 모서리 DE _____

2 오른쪽 그림과 같은 직육면체에서 다음을 모두 구하시오.

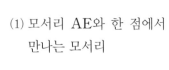

(1) 모서리 AE와 한 점에서 만나는 모서리

_____

(2) 모서리 AE와 평행한 모서리

_____

(3) 모서리 AE와 꼬인 위치에 있는 모서리

_____

3 아래 그림과 같은 오각기둥에서 각 모서리를 연장한 직선을 그을 때, 다음 설명 중 옳은 것은 ○표, 옳지 <u>않은</u> 것은 ×표를 ( ) 안에 쓰시오.

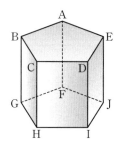

(1) $\overleftrightarrow{AB} \perp \overleftrightarrow{GF}$　　　　　　　　　　(　)

(2) $\overleftrightarrow{BC} \perp \overleftrightarrow{DI}$　　　　　　　　　　(　)

(3) $\overleftrightarrow{AF} /\!/ \overleftrightarrow{DI}$　　　　　　　　　　(　)

(4) $\overleftrightarrow{GH}$와 $\overleftrightarrow{CH}$는 한 점에서 만난다.　(　)

(5) $\overleftrightarrow{BG}$와 $\overleftrightarrow{JI}$는 꼬인 위치에 있다.　(　)

(6) $\overleftrightarrow{AB}$와 $\overleftrightarrow{CD}$는 꼬인 위치에 있다.　(　)

공간에서 직선과 평면의 위치 관계

▶ 정답과 해설 3쪽

다음 그림과 같은 정육면체에서 색칠한 두 부분의 위치 관계를 보기에서 고르시오.

보기
ㄱ. 한 점에서 만난다.
ㄴ. 직선이 평면에 포함된다.
ㄷ. 평행하다.

(1)
➡ ㄴ. 직선이 평면에 포함된다.
  ↳ 직선이 평면 위에 있다.

(2)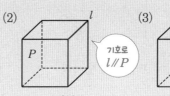
➡ ㄷ. 평행하다.
  ↳ 만나지 않는다.

(3)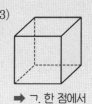
➡ ㄱ. 한 점에서 만난다.

○익힘북 7쪽

1 다음 위치 관계를 만족하는 모서리를 주어진 직육면체 위에 모두 나타내고, □ 안에 알맞은 것을 쓰시오.

(1) 면 ABCD에 포함되는 모서리

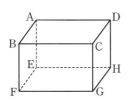

➡ $\overline{AB}$, ☐, ☐, ☐

(2) 면 ABCD와 평행한 모서리

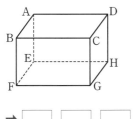

➡ ☐, ☐, ☐, ☐

(3) 면 ABCD와 만나는 모서리

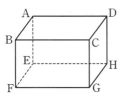

➡ ☐, ☐, ☐, ☐

조금 더⁺ **직선과 평면의 수직**

직선 l이 평면 P와 한 점 H에서 만나고 점 H를 지나는 평면 P 위의 모든 직선과 수직일 때

➡ **직선 l과 평면 P는 직교한다 또는 서로 수직**이라고 한다.

기호 $l \perp P$

2 아래 그림과 같은 삼각기둥에서 다음을 모두 구하시오.

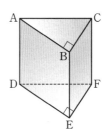

(1) 모서리 AB와 수직인 면

_____

(2) 모서리 BC와 수직인 면

_____

(3) 면 DEF와 수직인 모서리

_____

(4) 면 BEFC와 수직인 모서리

_____

3 아래 그림과 같은 직육면체에서 다음을 모두 구하시오.

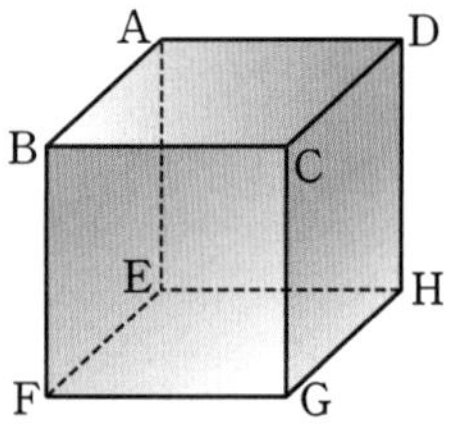

(1) 면 ABFE에 포함되는 모서리

_____

(2) 면 ABFE와 평행한 모서리

_____

(3) 면 ABFE와 수직인 모서리

_____

(4) 모서리 CG를 포함하는 면

_____

(5) 모서리 CG와 평행한 면

_____

(6) 모서리 CG와 한 점에서 만나는 면

_____

(7) 모서리 CG와 수직인 면

_____

4 아래 그림과 같은 오각기둥에서 다음을 모두 구하시오.

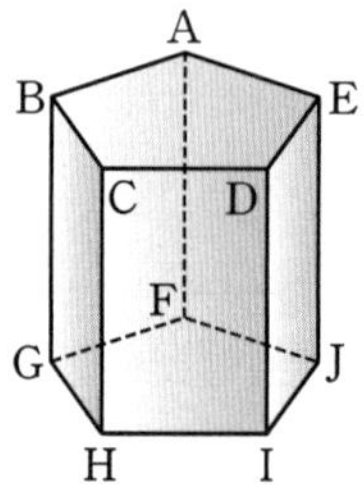

(1) 면 AFJE에 포함되는 모서리

_____

(2) 면 BGHC와 평행한 모서리

_____

(3) 면 ABCDE와 수직인 모서리

_____

(4) 모서리 AB를 포함하는 면

_____

(5) 모서리 AB와 한 점에서 만나는 면

_____

(6) 모서리 BG와 수직인 면

_____

(7) 모서리 BC와 평행한 면

_____

공간에서 두 평면의 위치 관계

▶ 정답과 해설 4쪽

다음 그림과 같은 정육면체에서 색칠한 두 면의 위치 관계를 보기에서 고르시오.

● 공간에서 두 평면의 위치 관계 ●

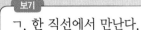

ㄱ. 한 직선에서 만난다.   ㄴ. 일치한다.   ㄷ. 평행하다.

① 한 직선에서 만난다.

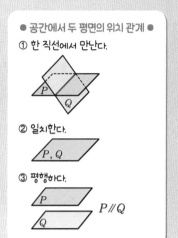

(1)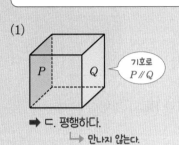

기호로 P // Q

➡ ㄷ. 평행하다.
└▶ 만나지 않는다.

(2) 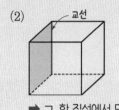 교선

➡ ㄱ. 한 직선에서 만난다.
└▶ 평면끼리 만나서 생기는 교선은 항상 직선!

② 일치한다.

P, Q

③ 평행하다.

P   P // Q
Q

○익힘북 8쪽

1 다음 위치 관계를 만족시키는 면을 주어진 직육면체 위에 모두 나타내고, ☐ 안에 알맞은 것을 쓰시오.

(1) 면 AEHD와 만나는 면

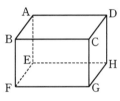

➡ 면 ABCD, ☐, ☐, ☐

(2) 면 AEHD와 평행한 면

➡ ☐

2 오른쪽 그림과 같은 삼각기둥에서 다음을 모두 구하시오.

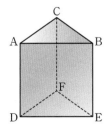

(1) 면 ABC와 만나는 면

_____

(2) 면 ABC와 평행한 면

_____

3 아래 그림과 같은 직육면체에서 다음을 모두 구하시오.

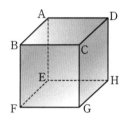

(1) 면 ABCD와 만나는 면

_____

(2) 면 ABCD와 평행한 면

_____

(3) 면 ABFE와 평행한 면

_____

(4) 모서리 CD를 교선으로 하는 두 면

_____

(5) 모서리 BF를 교선으로 하는 두 면

_____

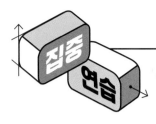

공간에서 여러 가지 위치 관계

▶정답과 해설 4쪽

1 아래 그림과 같은 삼각기둥에서 다음을 모두 구하시오.

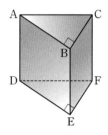

(1) 모서리 AB와 평행한 모서리

_____

(2) 모서리 BE와 꼬인 위치에 있는 모서리

_____

(3) 면 ADEB에 포함되는 모서리

_____

(4) 면 DEF와 평행한 모서리

_____

(5) 모서리 CF와 한 점에서 만나는 면

_____

(6) 모서리 DE와 수직인 면

_____

(7) 면 DEF와 평행한 면

_____

2 아래 그림과 같은 정육면체에서 다음을 모두 구하시오.

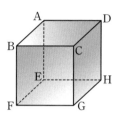

(1) 모서리 BC와 평행한 모서리

_____

(2) 모서리 AB와 꼬인 위치에 있는 모서리

_____

(3) 면 CGHD와 수직인 모서리

_____

(4) 면 BFGC와 평행한 면

_____

3 아래 그림과 같은 직육면체에서 다음을 모두 구하시오.

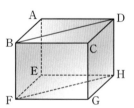

(1) $\overline{BD}$와 꼬인 위치에 있는 모서리

_____

(2) 면 BFHD와 평행한 모서리

_____

동위각과 엿각

다음 그림과 같이 두 직선 *l*, *m*이 다른 한 직선 *n*과 만날 때, 동위각과 엿각을 모두 구하시오.

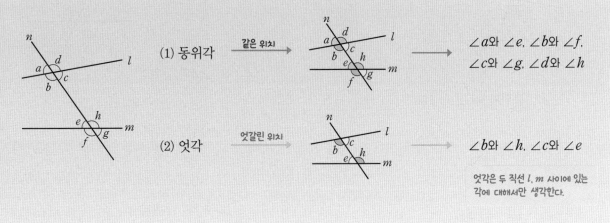

엿각은 두 직선 *l*, *m* 사이에 있는 각에 대해서만 생각한다.

○ 익힘북 8쪽

1 아래 그림을 보고 다음 각의 동위각을 구하시오.

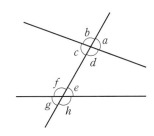

(1) ∠*a* _____

(2) ∠*c* _____

(3) ∠*f* _____

(4) ∠*h* _____

2 아래 그림을 보고 다음 각의 엿각을 구하시오.

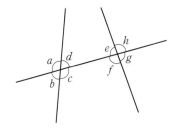

(1) ∠*d* _____

(2) ∠*c* _____

(3) ∠*e* _____

(4) ∠*f* _____

3 아래 그림을 보고 다음 각의 크기를 구할 때, □ 안에 알맞은 것을 쓰시오.

(1)

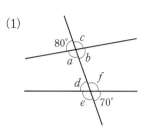

∠a의 동위각 ➡ ∠e=180°−□=□

(2)

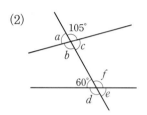

∠f의 엇각 ➡ ∠b=□ (맞꼭지각)

(3)

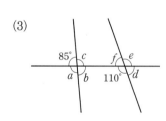

∠c의 동위각 ➡ ∠□=□ (맞꼭지각)

(4)

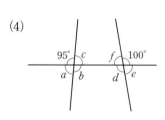

∠b의 엇각 ➡ ∠□=180°−□=□

4 아래 그림을 보고 다음 각의 크기를 구하시오.

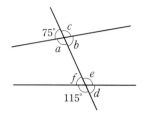

(1) ∠a의 동위각　　　　＿＿＿＿＿＿＿

(2) ∠f의 동위각　　　　＿＿＿＿＿＿＿

(3) ∠b의 동위각　　　　＿＿＿＿＿＿＿

(4) ∠f의 엇각　　　　＿＿＿＿＿＿＿

(5) ∠e의 엇각　　　　＿＿＿＿＿＿＿

(6) ∠c의 동위각　　　　＿＿＿＿＿＿＿

평행선의 성질

▶ 정답과 해설 4쪽

다음 그림에서 $l /\!/ m$일 때, $\angle x$의 크기를 구하시오.

(1)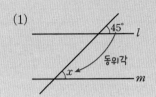

➡ $l /\!/ m$이면 동위각의 크기는 서로 같다.

∴ $\angle x = 45°$

(2)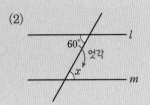

➡ $l /\!/ m$이면 엇각의 크기는 서로 같다.

∴ $\angle x = 60°$

◎익힘북 9쪽

1 다음 그림에서 $l /\!/ m$일 때, $\angle x$의 크기를 구하시오.

(1)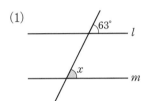

_____

(2)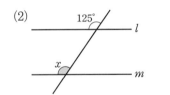

_____

(3)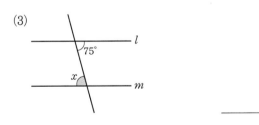

_____

(4)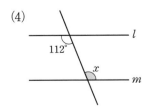

_____

2 다음 그림에서 $l /\!/ m$일 때, $\angle x$의 크기를 구하시오.

(1)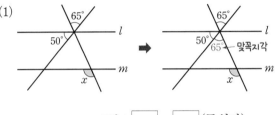

$\angle x = 50° + \boxed{} = \boxed{}$ (동위각)

(2)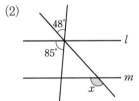

_____

(3)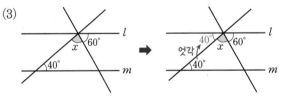

$\angle x = 180° - (\boxed{} + 60°) = \boxed{}$

(4)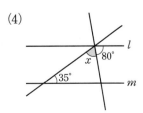

_____

2. 위치 관계 **23**

3 다음 그림에서 $l /\!/ m$일 때, $\angle x$와 $\angle y$의 크기를 각각 구하시오.

(1)
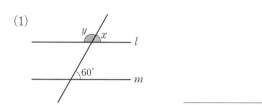

(2)
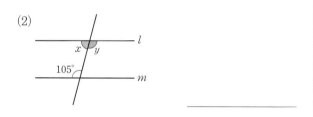

(3)
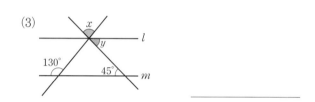

(4)
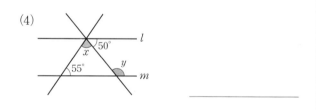

(5)
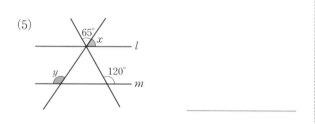

(6)
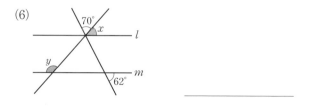

조금 더⁺ **보조선을 그어 각의 크기 구하기**

평행선 사이에 꺾인 점이 있으면

꺾인 점을 지나면서 두 직선에 평행한 보조선을 그은 후

동위각, 엇각의 크기가 각각 같음을 이용하자!

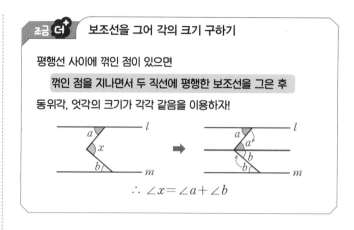

$$\therefore \angle x = \angle a + \angle b$$

4 다음 그림에서 $l /\!/ m$일 때, ☐ 안에 알맞은 것을 쓰시오.

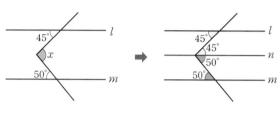

$l /\!/ m /\!/ n$인 직선 n을 그으면

$$\angle x = 45° + \boxed{} = \boxed{}$$

5 다음 그림에서 $l /\!/ m$일 때, $\angle x$의 크기를 구하시오.

(1)

(2)
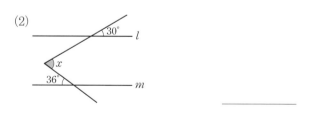

(3)
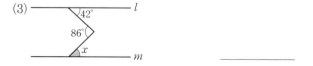

 # 평행선이 되기 위한 조건

다음 그림에서 평행한 두 직선을 찾아 기호로 나타내시오.

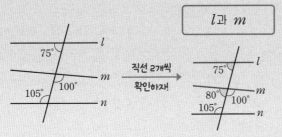

| l과 m | m과 n | l과 n |

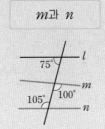

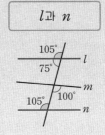

동위각의 크기가 다르므로 평행하지 않다.

엇각의 크기가 다르므로 평행하지 않다.

동위각의 크기가 서로 같으므로 $l /\!/ n$

◎ 익힘북 10쪽

1 다음 그림을 보고 두 직선 l, m이 평행하면 ○표, 평행하지 않으면 ×표를 (　) 안에 쓰시오.

(1)

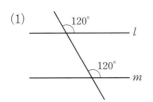

(　　)

(2)

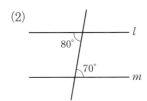

(　　)

(3)

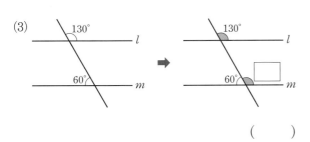

(　　)

(4)

(　　)

2 다음 그림에서 서로 평행한 두 직선을 모두 찾아 기호로 나타내시오. → 직선을 2개씩 차례로 확인하자!

(1)

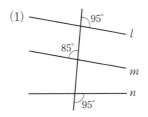

_____

(2)

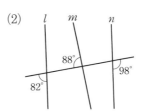

_____

(3)

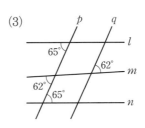

_____

2. 위치 관계　25

1 다음 그림과 같은 입체도형에서 교점과 교선의 개수를 순서대로 구하시오.

(1)   (2)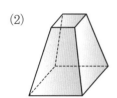

_____   _____

2 다음 설명 중 옳은 것은 ○표, 옳지 않은 것은 ×표를 ( ) 안에 쓰시오.

(1) 면은 무수히 많은 선으로 이루어져 있다. ( )

(2) 선과 면이 만나면 교선이 생긴다. ( )

(3) 면과 면이 만나면 직선 또는 곡선이 생긴다.
　　　　　　　　　　　　　　　　　　( )

(4) 한 점을 지나는 직선은 하나로 정해진다. ( )

3 오른쪽 그림과 같이 직선 l 위에 세 점 A, B, C가 있을 때, 다음 □ 안에 =, ≠ 중 알맞은 것을 쓰시오.

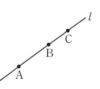

(1) $\overrightarrow{AB}$ □ $\overrightarrow{BC}$　　(2) $\overrightarrow{BC}$ □ $\overrightarrow{CB}$

(3) $\overrightarrow{AB}$ □ $\overrightarrow{AC}$　　(4) $\overline{BA}$ □ $\overline{AB}$

4 아래 그림에서 점 M은 $\overline{AB}$의 중점이고, 점 N은 $\overline{MB}$의 중점이다. $\overline{MN}=6\,cm$일 때, 다음을 구하시오.

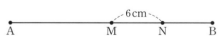

(1) $\overline{AN}$의 길이

_____

(2) $\overline{AB}$의 길이

5 다음 각을 보기에서 모두 고르시오.

> **보기**
> 27°, 115°, 90°, 78°, 41°, 180°, 148°

(1) 예각　　　　　　　_____

(2) 직각　　　　　　　_____

(3) 둔각　　　　　　　_____

(4) 평각　　　　　　　_____

6 다음 그림에서 ∠x의 크기를 구하시오.

(1)

_____

(2)

_____

7 다음 그림에서 ∠x와 ∠y의 크기를 각각 구하시오.

(1)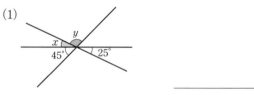

_____

(2)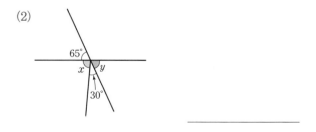

_____

8 아래 그림을 보고 다음을 구하시오.

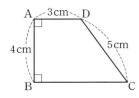

(1) 점 C에서 $\overline{AB}$에 내린 수선의 발 _____

(2) 점 D와 $\overline{BC}$ 사이의 거리 _____

(3) 변 DC와 한 점에서 만나는 변 _____

(4) 변 AD와 평행한 변을 찾아 기호 //를 써서 나타내시오. _____

9 오른쪽 그림에서 다음을 모두 구하시오.

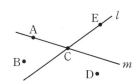

(1) 직선 l 위에 있는 점

_____

(2) 직선 m 위에 있지 않은 점 _____

10 오른쪽 그림과 같이 밑면이 정오각형인 오각기둥에서 다음을 모두 구하시오.

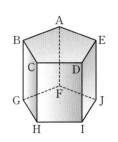

(1) 모서리 AB와 한 점에서 만나는 모서리

_____

(2) 모서리 DI와 꼬인 위치에 있는 모서리

_____

(3) 모서리 CD를 포함하는 면

_____

(4) 면 BGHC와 평행한 모서리

_____

(5) 면 ABCDE와 평행한 면

_____

11 오른쪽 그림을 보고 다음 각의 크기를 구하시오.

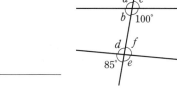

(1) ∠d의 동위각

_____

(2) ∠f의 동위각 _____

(3) ∠b의 엇각 _____

12 다음 그림에서 l // m일 때, ∠x와 ∠y의 크기를 각각 구하시오.

(1)

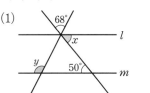

_____

(2)

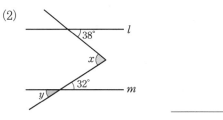

_____

13 오른쪽 그림에서 서로 평행한 두 직선을 찾아 기호로 나타내시오.

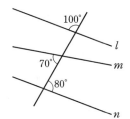

_____

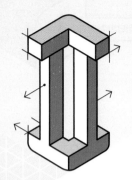

작도와 합동

개념
CHECK

II·1 삼각형의 작도

❶ 기본 작도

(1) **작도**: 눈금 없는 자와 컴퍼스만을 사용하여 도형을 그리는 것

    ① 눈금 없는 자: 두 점을 이어 선분을 그리거나 주어진 선분을 연장할 때 사용한다.

    ② 컴퍼스: 원을 그리거나 주어진 선분의 길이를 재어 다른 곳으로 옮길 때 사용한다.

- 눈금 없는 자와 컴퍼스만을 사용하여 도형을 그리는 것을 ❶ [   ] (이)라고 한다.

- ❷ [ ] 은(는) 두 점을 이어 선분을 그리거나 주어진 선분을 연장할 때 사용하고, ❸ [ ] 은(는) 선분의 길이를 재어 다른 곳으로 옮길 때 사용한다.

(2) **길이가 같은 선분의 작도**

$\overline{AB}$와 길이가 같은 $\overline{PQ}$를 작도하는 방법은 다음과 같다.

$$\overline{AB} = \overline{PQ}$$

(3) **크기가 같은 각의 작도**

$\angle XOY$와 크기가 같고 $\overrightarrow{PQ}$를 한 변으로 하는 $\angle DPQ$를 작도하는 방법은 다음과 같다.

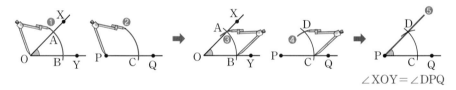

$$\angle XOY = \angle DPQ$$

❷ 삼각형

삼각형 ABC를 기호로 △ABC와 같이 나타낸다.

(1) **대변과 대각**

    ① 대변: 한 각과 마주 보는 변

    ② 대각: 한 변과 마주 보는 각

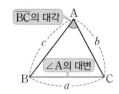

BC의 대각   ∠A의 대변

(2) **삼각형의 세 변의 길이 사이의 관계** ⟶ 삼각형이 될 수 있는 조건

삼각형에서 한 변의 길이는 나머지 두 변의 길이의 합보다 작다.

  ➡ (가장 긴 변의 길이) < (나머지 두 변의 길이의 합)

$$\overline{BC} < \overline{AB} + \overline{AC}$$

- 오른쪽 그림의 △ABC에서

    ∠B의 대변: ❹ [ ]

    ∠C의 대변: ❺ [ ]

    변 AC의 대각: ❻ [ ]

    변 AB의 대각: ❼ [ ]

❸ 삼각형의 작도

다음의 각 경우에 삼각형을 하나로 작도할 수 있다.

(1) **세 변의 길이가 주어질 때** ⟶ 길이가 같은 선분의 작도를 이용해

(2) **두 변의 길이와 그 끼인각의 크기가 주어질 때**

(3) **한 변의 길이와 그 양 끝 각의 크기가 주어질 때**

    ⎰ 길이가 같은 선분의 작도와 크기가 같은 각의 작도를 이용해

❹ 삼각형이 하나로 정해지는 경우

다음의 각 경우에 삼각형은 하나로 정해진다.

↳ 크기와 모양이 오직 하나인 삼각형이 만들어져~.

(1) 세 변의 길이가 주어질 때
(2) 두 변의 길이와 그 끼인각의 크기가 주어질 때
(3) 한 변의 길이와 그 양 끝 각의 크기가 주어질 때

참고 삼각형이 하나로 정해지지 않는 경우
• (가장 긴 변의 길이)≥(나머지 두 변의 길이의 합) ⟶ 삼각형이 그려지지 않는다.
• 두 변의 길이와 그 끼인각이 아닌 다른 한 각의 크기가 주어질 때 ⟶ 삼각형이 그려지지 않거나 1개 또는 2개가 그려진다.
• 세 각의 크기가 주어질 때 ⟶ 모양은 같고 크기가 다른 삼각형이 무수히 많이 그려진다.

Ⅱ·2 삼각형의 합동

❶ 합동

(1) △ABC와 △DEF가 서로 합동일 때, 이것을 기호로 △ABC≡△DEF와 같이 나타낸다.

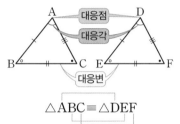

대응점
대응각
대응변

△ABC≡△DEF

대응하는 점끼리 같은 순서로 써야 해!

참고 =와 ≡의 차이점은 다음과 같다.
• △ABC=△DEF
➡ △ABC와 △DEF의 넓이가 서로 같다.
• △ABC≡△DEF
➡ △ABC와 △DEF는 서로 합동이다.

주의 합동인 두 도형의 넓이는 항상 같지만 두 도형의 넓이가 같다고 해서 항상 합동인 것은 아니다.

(2) 합동인 도형의 성질

두 도형이 서로 합동이면
① 대응변의 길이가 서로 같다.   ② 대응각의 크기가 서로 같다.

❷ 삼각형의 합동 조건

다음의 각 경우에 두 삼각형은 서로 합동이다.

(1) 대응하는 세 변의 길이가 각각 같을 때

➡ SSS 합동

(2) 대응하는 두 변의 길이가 각각 같고, 그 끼인각의 크기가 같을 때

➡ SAS 합동

(3) 대응하는 한 변의 길이가 같고, 그 양 끝 각의 크기가 각각 같을 때

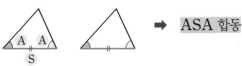

➡ ASA 합동

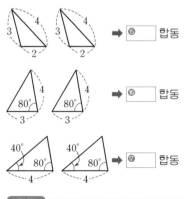

길이가 같은 선분의 작도

▶ 정답과 해설 6쪽

다음 그림의 선분 AB와 길이가 같은 선분 PQ를 작도하시오.

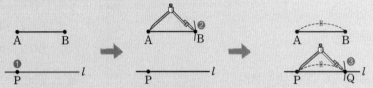

❶ 직선 l을 긋고,
그 위에 점 P 잡기

❷ $\overline{AB}$의 길이 재기

❸ 점 P가 중심이고
반지름이 $\overline{AB}$인 원 그리기
➡ $\overline{AB}=\overline{PQ}$

● 작도에 쓰이는 도구 ●
• 눈금 없는 자를 사용하는 경우
 – 직선을 그을 때
 – 선분을 연장할 때

• 컴퍼스를 사용하는 경우
 – 원을 그릴 때
 – 주어진 선분의 길이를 재어
  다른 직선 위로 옮길 때

◎익힘북 11쪽

1 다음 중 작도에 대한 설명으로 옳은 것은 ○표, 옳지 않은 것은 ×표를 ( ) 안에 쓰시오.

(1) 눈금 없는 자와 컴퍼스만을 사용하여 도형을 그리는 것을 작도라고 한다. ( )

(2) 선분의 길이를 잴 때는 눈금 없는 자를 사용한다. ( )

(3) 원을 그릴 때는 컴퍼스를 사용한다. ( )

(4) 두 점을 이어 선분을 그릴 때는 컴퍼스를 사용한다. ( )

2 다음은 선분 AB와 길이가 같은 선분 PQ를 작도하는 과정이다. □ 안에 알맞은 것을 쓰시오.

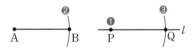

❶ □을(를) 사용하여 직선 l을 긋고, 그 위에 점 □를 잡는다.

❷ □을(를) 사용하여 $\overline{AB}$의 길이를 잰다.

❸ 점 P를 중심으로 반지름의 길이가 □인 원을 그려 직선 l과의 교점을 Q라고 한다.
➡ $\overline{AB}=\overline{PQ}$

3 다음 그림은 선분 AB와 길이가 같은 선분 CD를 작도하는 과정이다. 보기에서 작도 순서를 바르게 나열한 것을 고르시오.

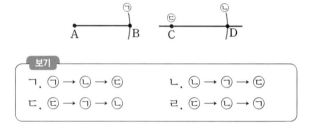

보기
ㄱ. ㉠ → ㉡ → ㉢   ㄴ. ㉡ → ㉠ → ㉢
ㄷ. ㉢ → ㉠ → ㉡   ㄹ. ㉢ → ㉡ → ㉠

4 다음은 선분 AB를 점 B의 방향으로 연장한 후 $\overline{AC}=2\overline{AB}$가 되는 선분 AC를 작도하는 과정이다. □ 안에 알맞은 것을 쓰시오.

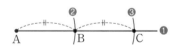

❶ □을(를) 사용하여 $\overline{AB}$를 점 B의 방향으로 연장한다.

❷ □을(를) 사용하여 $\overline{AB}$의 길이를 잰다.

❸ 점 □를 중심으로 반지름의 길이가 □인 원을 그려 $\overrightarrow{AB}$와의 교점을 C라고 한다.
➡ $\overline{AC}=2\overline{AB}$

크기가 같은 각의 작도

▶ 정답과 해설 6쪽

다음 그림의 ∠XOY와 크기가 같고 $\overrightarrow{PQ}$를 한 변으로 하는 ∠DPQ를 작도하시오.

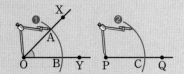 ➡ ➡

❶ 점 O를 중심으로 적당한 크기의
원 그리기
❷ 점 P가 중심이고
반지름이 $\overline{OA}$인 원 그리기

❸ $\overline{AB}$의 길이 재기
❹ 점 C가 중심이고
반지름이 $\overline{AB}$인 원 그리기

❺ $\overrightarrow{PD}$ 긋기
➡ ∠XOY = ∠DPQ

◎ 익힘북 11쪽

1 다음은 ∠XOY와 크기가 같고 $\overrightarrow{PQ}$를 한 변으로 하는 ∠DPQ를 작도하는 과정이다. □ 안에 알맞은 것을 쓰시오.

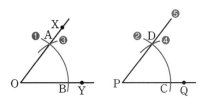

❶ 점 O를 중심으로 적당한 크기의 원을 그려
$\overrightarrow{OX}$, $\overrightarrow{OY}$와의 교점을 각각 □, □라고 한다.
❷ 점 P를 중심으로 반지름의 길이가 $\overline{OA}$인 원을 그려 $\overrightarrow{PQ}$와의 교점을 □라고 한다.
❸ 컴퍼스로 $\overline{AB}$의 길이를 잰다.
❹ 점 C를 중심으로 반지름의 길이가 □인 원을 그려 ❷의 원과의 교점을 D라고 한다.
❺ $\overrightarrow{PD}$를 긋는다.
➡ ∠XOY = □

조금 더⁺ **평행선의 작도**

크기가 같은 각의 작도를 이용하면 점 P를 지나고 직선 l에 평행한 직선 m을 작도할 수 있다.

방법 ① 동위각 이용   방법 ② 엇각 이용

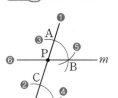   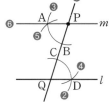

➡ ∠CQD = ∠APB이므로 $l /\!/ m$

2 오른쪽 그림은 직선 l 밖의 한 점 P를 지나고 직선 l과 평행한 직선을 작도하는 과정이다. □ 안에 알맞은 것을 쓰시오.

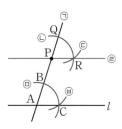

(1) 작도 순서는
㉠ ➡ ㉤ ➡ □ ➡ □ ➡ □ ➡ ㉢이다.

(2) $\overline{AB}$ = □ = $\overline{PQ}$ = □

(3) $\overline{BC}$ = □

(4) ∠BAC = □

3 삼각형의 세 변의 길이 사이의 관계

▶ 정답과 해설 6쪽

다음 주어진 세 변의 길이 사이의 관계를 기호 >, <, =를 사용하여 ● 안에 나타내고, 삼각형을 만들 수 있는 것을 고르시오.

(1) 2, 3, 6 ⟶ 6 > 2+3

(2) 3, 5, 8 ⟶ 8 = 3+5

(3) 4, 6, 9 ⟶ 9 < 4+6

(가장 긴 변의 길이)
< (나머지 두 변의 길이의 합)
⟶

따라서 삼각형을 만들 수 있는 것은 (3)이다.

● 삼각형의 세 변의 길이 사이의 관계 ●

두 점 B, C를 잇는 가장 짧은 선분

➡ $\overline{BC} < \overline{AB} + \overline{AC}$

한 변의 길이   두 변의 길이의 합

◯ 익힘북 12쪽

삼각형의 대변과 대각

1 오른쪽 그림의 △ABC에서 다음을 구하시오.

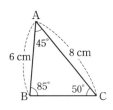

(1) ∠B의 대변의 길이 _____

(2) ∠C의 대변의 길이 _____

(3) 변 AB의 대각의 크기 _____

(4) 변 AC의 대각의 크기 _____

(5) 변 BC의 대각의 크기 _____

삼각형의 세 변의 길이 사이의 관계

2 다음 중 삼각형의 세 변의 길이가 될 수 있는 것은 ◯표, 될 수 없는 것은 ✕표를 ( ) 안에 쓰시오.

(1) 3cm, 5cm, 7cm ➡ 7 ◯ 3+5   (   )

(2) 4cm, 6cm, 8cm   (   )

(3) 1cm, 4cm, 7cm   (   )

(4) 2cm, 10cm, 12cm   (   )

(5) 5cm, 7cm, 14cm   (   )

(6) 6cm, 8cm, 13cm   (   )

4 삼각형의 작도(1) – 세 변의 길이가 주어질 때

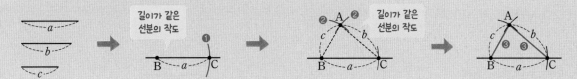

다음 그림과 같이 세 변의 길이가 주어졌을 때, △ABC를 작도하시오.

① 길이가 a인 $\overline{BC}$ 작도하기

② 두 점 B, C를 중심으로 각각 반지름의 길이가 c, b인 원을 그려 그 교점을 A로 놓기

③ 두 점 A와 B, 두 점 A와 C 각각 잇기

◎ 익힘북 12쪽

1 다음은 세 변의 길이 a, b, c가 주어졌을 때, △ABC를 작도하는 과정이다. □ 안에 알맞은 것을 쓰시오.

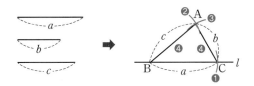

① 직선 l을 긋고, 그 위에 길이가 □인 $\overline{BC}$를 작도한다.

② 점 B를 중심으로 반지름의 길이가 □인 원을 그린다.

③ 점 C를 중심으로 반지름의 길이가 □인 원을 그린다.

④ 두 원의 교점을 □라 하고, 두 점 A와 B, 두 점 A와 C를 각각 이으면 △ABC가 작도된다.

2 다음은 세 변의 길이 a, b, c가 주어졌을 때, △ABC를 작도하는 과정이다. 작도 순서를 완성하시오.

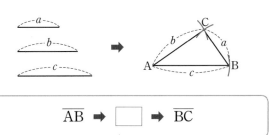

$$\overline{AB} \Rightarrow \boxed{} \Rightarrow \overline{BC}$$

3 다음 그림과 같이 세 변의 길이 a, b, c가 주어졌을 때, △ABC를 작도하시오.

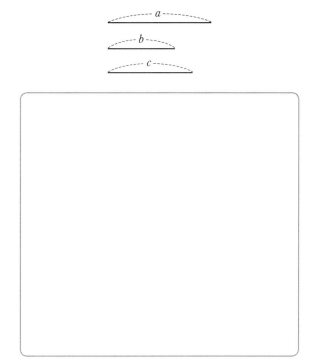

6 삼각형의 작도(2) – 두 변의 길이와 그 끼인각의 크기가 주어질 때

▶ 정답과 해설 6쪽

다음 그림과 같이 두 변의 길이와 그 끼인각의 크기가 주어졌을 때, △ABC를 작도하시오.

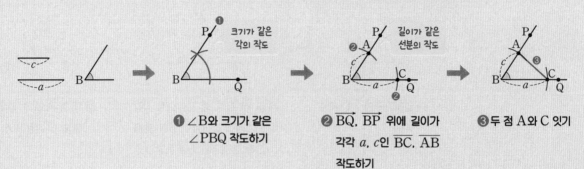

❶ ∠B와 크기가 같은
∠PBQ 작도하기

❷ $\overrightarrow{BQ}$, $\overrightarrow{BP}$ 위에 길이가
각각 a, c인 $\overline{BC}$, $\overline{AB}$
작도하기

❸ 두 점 A와 C 잇기

◎ 익힘북 13쪽

1 다음은 두 변의 길이 a, c와 그 끼인각 ∠B의 크기가 주어졌을 때, △ABC를 작도하는 과정이다. ☐ 안에 알맞은 것을 쓰시오.

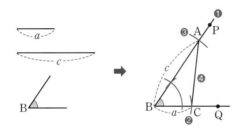

❶ ∠B와 크기가 같은 ∠PBQ를 작도한다.
❷ 점 ☐를 중심으로 반지름의 길이가 ☐인 원을 그려 $\overrightarrow{BQ}$와의 교점을 C라고 한다.
❸ 점 ☐를 중심으로 반지름의 길이가 ☐인 원을 그려 $\overrightarrow{BP}$와의 교점을 ☐라고 한다.
❹ 두 점 A와 C를 이으면 △ABC가 작도된다.

2 다음은 두 변의 길이 b, c와 그 끼인각 ∠A의 크기가 주어졌을 때, △ABC를 작도하는 과정이다. 작도 순서를 완성하시오.

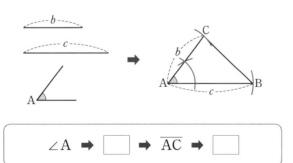

∠A ➡ ☐ ➡ $\overline{AC}$ ➡ ☐

3 다음 그림과 같이 두 변의 길이 a, b와 그 끼인각 ∠C의 크기가 주어졌을 때, △ABC를 작도하시오.

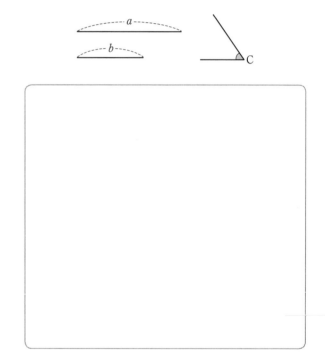

6 삼각형의 작도(3) - 한 변의 길이와 그 양 끝 각의 크기가 주어질 때

▶ 정답과 해설 6쪽

다음 그림과 같이 한 변의 길이와 그 양 끝 각의 크기가 주어졌을 때, △ABC를 작도하시오.

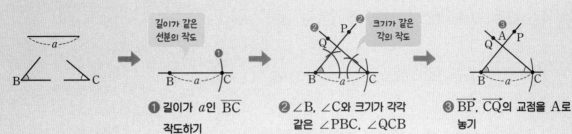

❶ 길이가 a인 $\overline{BC}$ 작도하기

❷ ∠B, ∠C와 크기가 각각 같은 ∠PBC, ∠QCB 작도하기

❸ $\overrightarrow{BP}$, $\overrightarrow{CQ}$의 교점을 A로 놓기

○ 익힘북 13쪽

1 다음은 한 변의 길이 a와 그 양 끝 각 ∠B, ∠C의 크기가 주어졌을 때, △ABC를 작도하는 과정이다. □ 안에 알맞은 것을 쓰시오.

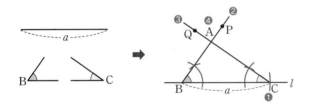

❶ 직선 l을 긋고, 그 위에 길이가 □인 $\overline{BC}$를 작도한다.

❷ ∠B와 크기가 같은 ∠PBC를 작도한다.

❸ ∠□와 크기가 같은 ∠QCB를 작도한다.

❹ $\overrightarrow{BP}$, $\overrightarrow{CQ}$의 교점을 □라고 하면 △ABC가 작도된다.

2 다음은 한 변의 길이 c와 그 양 끝 각 ∠A, ∠B의 크기가 주어졌을 때, △ABC를 작도하는 과정이다. 작도 순서를 완성하시오.

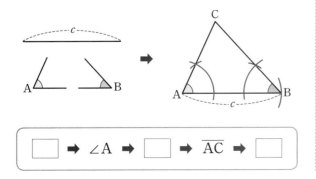

□ ➡ ∠A ➡ □ ➡ $\overline{AC}$ ➡ □

3 다음 그림과 같이 한 변의 길이 a와 그 양 끝 각 ∠B, ∠C의 크기가 주어졌을 때, △ABC를 작도하시오.

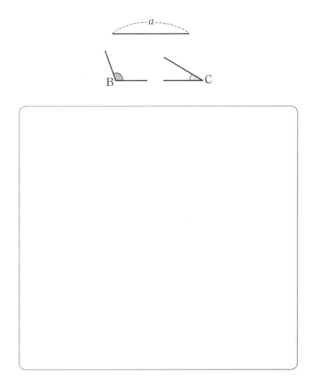

 삼각형의 작도

4, **5**, **6**에서 알 수 있듯이 삼각형은 다음의 세 가지 경우에 하나로 그려진다.

(1) 세 변의 길이가 주어질 때

(2) 두 변의 길이와 그 끼인각의 크기가 주어질 때

(3) 한 변의 길이와 그 양 끝 각의 크기가 주어질 때

삼각형이 하나로 정해지는 경우

▶ 정답과 해설 6쪽

다음과 같이 조건이 주어질 때, △ABC가 하나로 정해지면 ○표, 정해지지 않으면 ×표를 ( ) 안에 쓰시오.

(1) $\overline{AB}=7\,cm$, $\overline{BC}=5\,cm$, $\overline{AC}=10\,cm$ ➡ $10<7+5$ [세 변의 길이가 주어질 때]   (○)

(2) $\overline{AB}=4\,cm$, $\overline{BC}=6\,cm$, $\angle B=45°$ ➡   [두 변의 길이와 그 끼인각의 크기가 주어질 때]   (○)

(3) $\overline{BC}=5\,cm$, $\angle B=45°$, $\angle C=50°$ ➡   [한 변의 길이와 그 양 끝 각의 크기가 주어질 때]   (○)

(4) $\angle A=90°$, $\angle B=40°$, $\angle C=50°$ ➡   ⋯ (×)

↪ 모양은 같고 크기가 다른 삼각형이 무수히 많이 그려진다.

◉ 익힘북 14쪽

1 다음 중 △ABC가 하나로 정해지는 것은 ○표, 정해지지 <u>않는</u> 것은 ×표를 ( ) 안에 쓰시오.

(1) $\overline{AB}=11\,cm$, $\overline{BC}=4\,cm$, $\overline{AC}=9\,cm$ ( )

(2) $\angle A=80°$, $\angle B=70°$, $\angle C=30°$ ( )

(3) $\overline{AB}=4\,cm$, $\overline{BC}=7\,cm$, $\angle B=60°$ ( )

(4) $\overline{BC}=6\,cm$, $\angle B=65°$, $\angle C=50°$ ( )

(5) $\overline{AB}=6\,cm$, $\overline{BC}=8\,cm$, $\angle C=40°$ ( )

(6) $\overline{AB}=9\,cm$, $\angle A=80°$, $\angle C=30°$ ( )

2 $\overline{BC}$의 길이가 주어졌을 때, 다음 중 △ABC가 하나로 정해지기 위해 필요한 나머지 조건이 될 수 있는 것은 ○표, 될 수 <u>없는</u> 것은 ×표를 ( ) 안에 쓰시오.

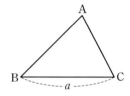

(1) $\overline{AB}$와 $\overline{AC}$ ( )

(2) $\angle B$와 $\angle C$ ( )

(3) $\overline{AC}$와 $\angle A$ ( )

(4) $\overline{AB}$와 $\angle C$ ( )

(5) $\angle A$와 $\angle B$ ( )

합동

▶정답과 해설 7쪽

아래 그림에서 △ABC와 △DEF가 서로 합동일 때, 다음을 구하시오.

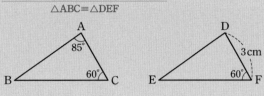

● 합동인 도형의 성질 ●
• 대응변의 길이가 서로 같다.
• 대응각의 크기가 서로 같다.

(1) $\overline{AC}$의 길이 ──대응변 찾기──▶ $\overline{DF}$ ──대응변의 길이가 서로 같다.──▶ $\boxed{\overline{AC}=\overline{DF}=3\,cm}$

(2) ∠D의 크기 ──대응각 찾기──▶ ∠A ──대응각의 크기가 서로 같다.──▶ $\boxed{∠D=∠A=85°}$

○익힘북 **14**쪽

1 다음 그림에서 서로 합동인 두 삼각형을 찾아 기호 ≡를 사용하여 나타내시오.

(1)
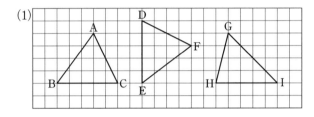

➡ △ABC ≡ ☐

↳ 대응하는 점끼리 같은 순서로 써야 해!

(2)
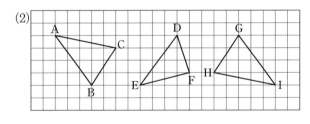

➡ ☐ ≡ ☐

(3)
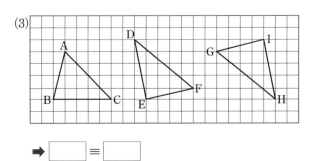

➡ ☐ ≡ ☐

2 아래 그림에서 사각형 ABCD와 사각형 EFGH가 서로 합동일 때, 다음을 구하시오.

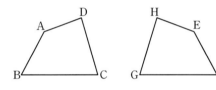

(1) 점 A의 대응점 _____

(2) 점 D의 대응점 _____

(3) $\overline{AD}$의 대응변 _____

(4) $\overline{BC}$의 대응변 _____

(5) ∠D의 대응각 _____

(6) ∠G의 대응각 _____

3 아래 그림에서 △ABC≡△DEF일 때, 다음을 구하시오.

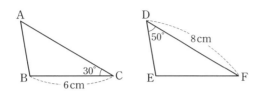

(1) ∠A의 크기

_____

(2) ∠F의 크기

_____

(3) $\overline{AC}$의 길이

_____

(4) $\overline{EF}$의 길이

_____

4 아래 그림에서 사각형 ABCD와 사각형 EFGH가 서로 합동일 때, 다음을 구하시오.

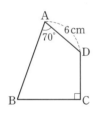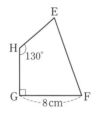

(1) $\overline{BC}$의 길이

_____

(2) $\overline{EH}$의 길이

_____

(3) ∠D의 크기

_____

(4) ∠E의 크기

_____

5 다음 설명 중 옳은 것은 ○표, 옳지 <u>않은</u> 것은 ×표를 ( ) 안에 쓰시오.

(1) 두 도형 A와 B가 서로 합동이면 기호로 A≡B와 같이 나타낸다. ( )

(2) 합동인 두 도형은 넓이가 서로 같다. ( )

(3) 합동인 두 도형은 대응변의 길이가 서로 같다. ( )

(4) 합동인 두 도형은 대응각의 크기가 서로 같다. ( )

(5) 모양이 같은 두 도형은 서로 합동이다. ( )

(6) 반지름의 길이가 같은 두 원은 서로 합동이다. ( )

(7) 넓이가 같은 두 정사각형은 서로 합동이다. ( )

(8) 넓이가 같은 두 직사각형은 서로 합동이다. ( )

삼각형의 합동 조건

▶ 정답과 해설 7쪽

다음 두 삼각형이 서로 합동일 때, 기호 ≡을 사용하여 합동임을 나타내고, 그 합동 조건을 말하시오.

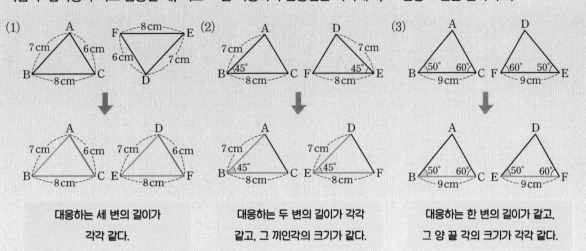

(1) 대응하는 세 변의 길이가 각각 같다.

△ABC≡△DEF(SSS 합동)

(2) 대응하는 두 변의 길이가 각각 같고, 그 끼인각의 크기가 같다.

△ABC≡△DEF(SAS 합동)

(3) 대응하는 한 변의 길이가 같고, 그 양 끝 각의 크기가 각각 같다.

△ABC≡△DEF(ASA 합동)

◎ 익힘북 15쪽

1 다음 두 삼각형이 서로 합동일 때, □ 안에 알맞은 것을 쓰시오.

(1)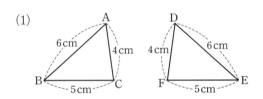

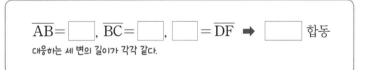

$\overline{AB}=$ □ , $\overline{BC}=$ □ , □ $=\overline{DF}$ ➡ □ 합동
대응하는 세 변의 길이가 각각 같다.

(2)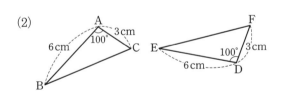

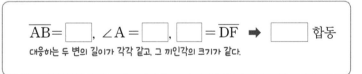

$\overline{AB}=$ □ , $\angle A=$ □ , □ $=\overline{DF}$ ➡ □ 합동
대응하는 두 변의 길이가 각각 같고, 그 끼인각의 크기가 같다.

(3)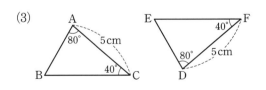

$\angle A=$ □ , $\overline{AC}=$ □ , □ $=\angle F$ ➡ □ 합동
대응하는 한 변의 길이가 같고, 그 양 끝 각의 크기가 각각 같다.

2 다음 (1)~(3)의 삼각형과 합동인 삼각형을 아래 보기에서 찾아 □ 안에 알맞은 것을 쓰시오.

보기

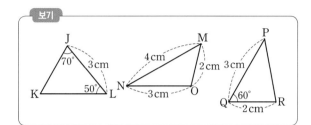

(1)

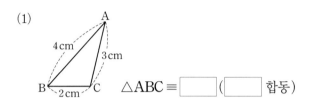

△ABC ≡ □ (□ 합동)

(2)

△DEF ≡ □ (□ 합동)

(3)

△GHI ≡ □ (□ 합동)

3 아래 그림과 같은 △ABC와 △DEF가 다음 조건을 만족시킬 때, 두 삼각형이 서로 합동인 것은 ○표, 합동이 <u>아닌</u> 것은 ×표를 ( ) 안에 쓰시오.

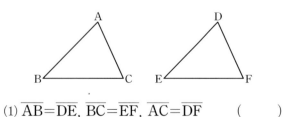

(1) $\overline{AB}=\overline{DE}$, $\overline{BC}=\overline{EF}$, $\overline{AC}=\overline{DF}$ ( )

(2) $\overline{AB}=\overline{DE}$, $\overline{BC}=\overline{EF}$, ∠B=∠E ( )

(3) ∠A=∠D, ∠B=∠E, ∠C=∠F ( )

(4) $\overline{AB}=\overline{DE}$, $\overline{AC}=\overline{DF}$, ∠B=∠E ( )

(5) $\overline{AC}=\overline{DF}$, ∠A=∠D, ∠C=∠F ( )

(6) $\overline{AC}=\overline{DF}$, ∠A=∠D, ∠B=∠E ( )

4 오른쪽 그림과 같은 사각형 ABCD에서 $\overline{AB}=\overline{DC}$, ∠ABD=∠BDC일 때, 다음 물음에 답하시오.

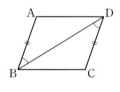

(1) 합동인 두 삼각형을 찾아 기호 ≡를 사용하여 나타내시오.

_____

(2) (1)에서 이용한 합동 조건을 말하시오

_____

1 다음 보기에서 작도에 대한 설명으로 옳은 것을 모두 고르시오.

> **보기**
> ㄱ. 두 선분의 길이를 비교할 때는 자를 사용한다.
> ㄴ. 주어진 선분을 연장할 때는 눈금 없는 자를 사용한다.
> ㄷ. 선분의 길이를 잴 때는 컴퍼스를 사용한다.
> ㄹ. 각의 크기를 옮길 때는 각도기를 사용한다.

_____

2 다음은 ∠XOY와 크기가 같고 $\overrightarrow{PQ}$를 한 변으로 하는 ∠CPQ를 작도하는 과정이다. □ 안에 알맞은 것을 쓰시오.

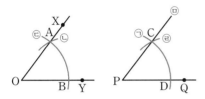

(1) 작도 순서는

ⓒ ➡ □ ➡ ⓛ ➡ □ ➡ □

(2) $\overline{OA}=\overline{OB}=$□$=$□

(3) $\overline{AB}=$□

(4) ∠XOY=□

3 다음 중 삼각형의 세 변의 길이가 될 수 있는 것은 ○표, 될 수 없는 것은 ×표를 ( ) 안에 쓰시오.

(1) 3 cm, 8 cm, 9 cm ( )

(2) 5 cm, 5 cm, 11 cm ( )

(3) 6 cm, 10 cm, 14 cm ( )

(4) 7 cm, 8 cm, 15 cm ( )

4 다음 그림과 같이 변의 길이와 각의 크기가 주어졌을 때, △ABC를 하나로 작도할 수 있는 것은 ○표, 작도할 수 없는 것은 ×표를 ( ) 안에 쓰시오.

(1)  A———B A∠ ∠B ( )

(2) 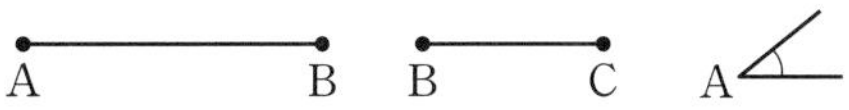 A———B B———C A∠ ( )

(3) 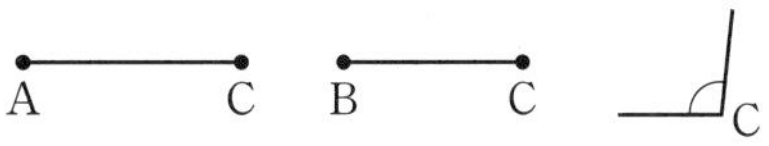 A——C B——C ⌐C ( )

(4)  A—B B——C A———C ( )
(단, $\overline{AC}<\overline{AB}+\overline{BC}$) ( )

5 다음 중 △ABC가 하나로 정해지는 것은 ○표, 정해지지 않는 것은 ×표를 ( ) 안에 쓰시오.

(1) $\overline{AB}=4$ cm, $\overline{BC}=10$ cm, $\overline{AC}=16$ cm ( )

(2) ∠A=50°, $\overline{AB}=3$ cm, $\overline{AC}=6$ cm ( )

(3) $\overline{AC}=7$ cm, ∠A=40°, ∠B=100° ( )

(4) ∠A=50°, ∠B=60°, ∠C=70° ( )

6 다음 보기의 삼각형 중 서로 합동인 것을 모두 찾아 기호 ≡를 써서 나타내고, 이때 이용된 합동 조건을 말하시오.

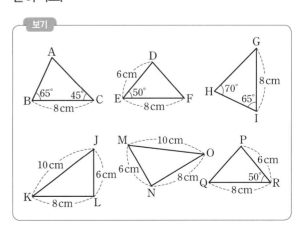

평면도형

개념
CHECK

Ⅲ·1 다각형

❶ 다각형

(1) 3개 이상의 선분으로 둘러싸인 평면도형을 다각형이라 하고, 변의 길이가 모두 같고, 각의 크기가 모두 같은 다각형을 정다각형이라고 한다.

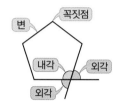

- 5개의 선분으로 둘러싸인 평면도형은 ❶□□이고, 이 도형의 꼭짓점은 ❷□□개이다.

① 내각: 다각형의 이웃한 두 변으로 이루어진 내부의 각
② 외각: 다각형의 이웃한 두 변에서 한 변과 다른 변의 연장선으로 이루어진 각
③ 다각형의 한 꼭짓점에서 (내각의 크기)+(외각의 크기)=180°이다.

❷ 삼각형의 내각과 외각

(1) 삼각형의 세 내각의 크기의 합은 180°이다.
  ➡ △ABC에서 $\angle A + \angle B + \angle C = 180°$

(2) 삼각형에서 한 외각의 크기는 그와 이웃하지 않는 두 내각의 크기의 합과 같다.
  ➡ △ABC에서 $\underline{\angle ACD} = \underline{\angle A + \angle B}$
  ↳ ∠C의 외각 ← ↳ ∠C를 제외한 두 내각의 크기의 합

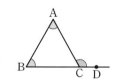

❸ 다각형의 대각선의 개수

(1) 대각선: 다각형의 한 꼭짓점에서 이와 이웃하지 않는 다른 한 꼭짓점을 이은 선분

- (오각형의 대각선의 개수)
  $$= \frac{\boxed{❸} \times (\boxed{❹} - 3)}{2} = \boxed{❺}$$

(2) 대각선의 개수

① n각형의 한 꼭짓점에서 그을 수 있는 대각선의 개수 ➡ $n-3$

꼭짓점의 개수 ↱   ↱ 한 꼭짓점에서 그을 수 있는 대각선의 개수

② n각형의 대각선의 개수 ➡ $\dfrac{n \times (n-3)}{2}$

↱ 꼭짓점마다 대각선을 그으면 한 대각선이 두 번씩 그어지므로 2로 나누어야 해.

❹ 다각형의 내각과 외각의 크기의 합

한 꼭짓점에서 대각선을 모두 그었을 때 생기는 삼각형의 개수 ↱

(1) 다각형의 내각의 크기의 합: n각형의 내각의 크기의 합 ➡ $180° \times (n-2)$

(2) 다각형의 외각의 크기의 합: n각형의 외각의 크기의 합은 항상 360°이다.

- (사각형의 내각의 크기의 합)
  $$= 180° \times (\boxed{❻} - 2) = \boxed{❼}$$

- (정사각형의 한 내각의 크기)
  $$= \frac{180° \times (\boxed{❽} - 2)}{\boxed{❾}} = \boxed{❿}$$

❺ 정다각형의 한 내각과 한 외각의 크기

(1) 정다각형의 한 내각의 크기

정n각형의 한 내각의 크기 ➡ $\dfrac{180° \times (n-2)}{n}$ ← 내각의 크기의 합

(2) 정다각형의 한 외각의 크기

정n각형의 한 외각의 크기 ➡ $\dfrac{360°}{n}$ ← 외각의 크기의 합

- (정오각형의 한 외각의 크기)$=\dfrac{360°}{\boxed{⓫}}$
  $$= \boxed{⓬}$$

❶ 원과 부채꼴

(1) **원 O**: 평면 위의 한 점 O에서 일정한 거리에 있는 모든 점으로 이루어진 도형

(2) **호 AB**: 원 위의 두 점 A, B를 양 끝 점으로 하는 원의 일부분 [기호] $\overset{\frown}{AB}$ ← 보통 $\overset{\frown}{AB}$는 길이가 짧은 쪽의 호를 나타내.

(3) **할선**: 원 위의 두 점을 지나는 직선

(4) **현 CD**: 원 위의 두 점 C, D를 이은 선분

(5) **부채꼴 AOB**: 원 O에서 호 AB와 두 반지름 OA, OB로 이루어진 도형

(6) **중심각**: 부채꼴 AOB에서 두 반지름 OA, OB가 이루는 각
   ➡ ∠AOB를 호 AB에 대한 중심각 또는 부채꼴 AOB의 중심각이라고 한다.

(7) **활꼴**: 원 O에서 현 CD와 호 CD로 이루어진 도형

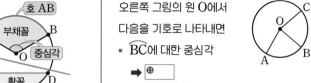

오른쪽 그림의 원 O에서 다음을 기호로 나타내면

• $\overset{\frown}{BC}$에 대한 중심각
  ➡ ⑬ ▢

• ∠AOC에 대한 호
  ➡ ⑭ ▢

❷ 부채꼴의 중심각의 크기와 호의 길이, 넓이, 현의 길이 사이의 관계

한 원 또는 합동인 두 원에서

(1) **부채꼴의 중심각의 크기와 호의 길이, 넓이 사이의 관계**

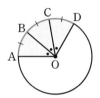

① 중심각의 크기가 같은 두 부채꼴의 호의 길이와 넓이는 각각 같다.

② 호의 길이 또는 넓이가 각각 같은 두 부채꼴은 그 중심각의 크기가 같다.

③ 부채꼴의 호의 길이와 넓이는 각각 <mark>중심각의 크기에 정비례한다.</mark>

(2) **중심각의 크기와 현의 길이 사이의 관계**

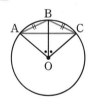

① 중심각의 크기가 같은 두 현의 길이는 같다.

② 길이가 같은 두 현에 대한 중심각의 크기는 같다.

③ 현의 길이는 <mark>중심각의 크기에 정비례하지 않는다.</mark>

오른쪽 그림의 원 O에서

• $\overset{\frown}{AC}$ = ⑮ ▢ $\overset{\frown}{AB}$,
  $\overset{\frown}{AD}$ = ⑯ ▢ $\overset{\frown}{AB}$

• (부채꼴 AOD의 넓이)
   = ⑰ ▢ ×(부채꼴 AOB의 넓이)

❸ 부채꼴의 호의 길이와 넓이

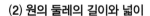

(1) **원주율**: 원의 둘레의 길이를 지름의 길이로 나눈 값 [기호] π ← '파이'라고 읽어.

(2) **원의 둘레의 길이와 넓이**

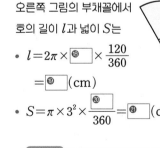

반지름의 길이가 r인 원의 둘레의 길이를 l, 넓이를 S라고 하면

① $l=2\pi r$ ← 2 ×(반지름의 길이) ×(원주율)

② $S=\pi r^2$ ← (반지름의 길이) ×(반지름의 길이) ×(원주율)

(3) **부채꼴의 호의 길이와 넓이**

반지름의 길이가 r, 중심각의 크기가 $x°$인 부채꼴의 호의 길이를 l, 넓이를 S라고 하면

① $l=2\pi r \times \dfrac{x}{360}$ ② $S=\pi r^2 \times \dfrac{x}{360}=\dfrac{1}{2}rl$

오른쪽 그림의 부채꼴에서 호의 길이 l과 넓이 S는

• $l=2\pi \times$ ⑱ ▢ $\times \dfrac{120}{360}$
   = ⑲ ▢ (cm)

• $S=\pi \times 3^2 \times \dfrac{⑳ ▢}{360}=$ ㉑ ▢ (cm²)

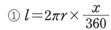

정답

❶ 오각형 ❷ 5 ❸ 5 ❹ 5 ❺ 5 ❻ 4
❼ 360 ❽ 4 ❾ 4 ❿ 90° ⓫ 5 ⓬ 72°
⓭ ∠BOC ⓮ $\overset{\frown}{AC}$ ⓯ 2 ⓰ 3 ⓱ 3
⑱ 3 ⑲ 2π ⑳ 120 ㉑ 3π

다각형

▶ 정답과 해설 8쪽

아래 그림의 다각형에서 다음 용어에 해당하는 것을 모두 구하시오.

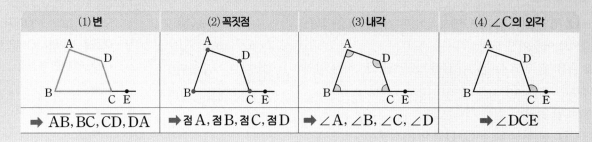

(1) 변	(2) 꼭짓점	(3) 내각	(4) ∠C의 외각
➡ $\overline{AB}, \overline{BC}, \overline{CD}, \overline{DA}$	➡ 점 A, 점 B, 점 C, 점 D	➡ ∠A, ∠B, ∠C, ∠D	➡ ∠DCE

○ 익힘북 16쪽

1 다음 그림의 도형 중 다각형인 것은 ○표, 다각형이 <u>아닌</u> 것은 ×표를 ( ) 안에 쓰시오.

(1)

( )

(2)

( )

(3)

( )

(4)

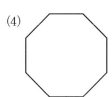

( )

2 다음 그림의 다각형에서 ∠B의 외각을 표시하시오.

(1)

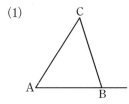

(2)

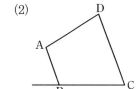

TIP **다각형의 한 꼭짓점에서 내각과 외각의 크기의 합**

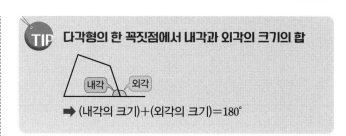

➡ (내각의 크기)+(외각의 크기)=180°

3 오른쪽 그림의 오각형 ABCDE에서 다음 각의 크기를 구하시오.

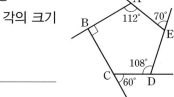

(1) ∠A의 내각 _____

(2) ∠B의 외각

➡ 90°+(∠B의 외각의 크기)= ☐

∴ (∠B의 외각의 크기)= ☐

(3) ∠D의 외각 _____

(4) ∠C의 내각

➡ (∠C의 내각의 크기)+60°= ☐

∴ (∠C의 내각의 크기)= ☐

(5) ∠E의 내각 _____

삼각형의 내각

▶ 정답과 해설 8쪽

다음 삼각형에서 ∠x의 크기를 구하시오.

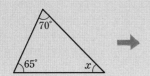

삼각형의 세 내각의 크기의 합은 180°이므로

$70° + 65° + ∠x = 180°$

$∴ ∠x = 180° - (70° + 65°) = 45°$

기억하자

삼각형의 세 내각의 크기의 합은 180°이다.

◐ 익힘북 16쪽

1 다음 그림에서 ∠x의 크기를 구하시오.

(1)

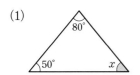

➡ 삼각형의 세 내각의 크기의 합은 [ ]이므로

$80° + 50° + ∠x = $ [ ]

$∴ ∠x = $ [ ] $- (80° + 50°) = $ [ ]

(2)

(3)

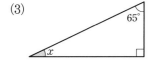

2 다음 그림에서 ∠x의 크기를 구하시오.

(1)

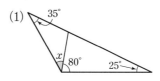

➡ 삼각형의 세 내각의 크기의 합은 [ ]이므로

$35° + (∠x + 80°) + 25° = $ [ ]

$∴ ∠x = $ [ ] $- (35° + 80° + 25°) = $ [ ]

(2)

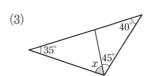

(3)

삼각형의 외각

▶ 정답과 해설 9쪽

다음 삼각형에서 ∠x의 크기를 구하시오.

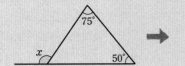

➡ 삼각형의 한 외각의 크기는 그와 이웃하지 않는 두 내각의 크기의 합과 같으므로

$$\angle x = 75° + 50° = 125°$$

기억하자

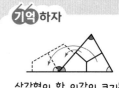

삼각형의 한 외각의 크기는 그와 이웃하지 않는 두 내각의 크기의 합과 같다.

◎ 익힘북 17쪽

1 다음 그림에서 ∠x의 크기를 구하시오.

(1)

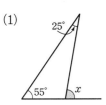

➡ 삼각형의 한 외각의 크기는 그와 이웃하지 않는 두 내각의 크기의 □과 같으므로

$\angle x = 25° + $ □ $ = $ □

(2)

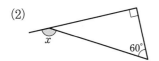

_____

(3)

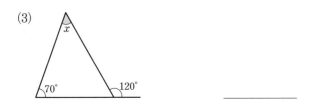

_____

2 다음 그림에서 ∠x의 크기를 구하시오.

(1)

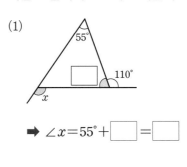

➡ $\angle x = 55° + $ □ $ = $ □

(2)

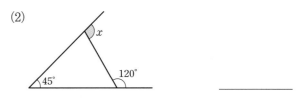

_____

(3)

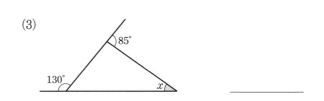

_____

다각형의 대각선의 개수

▶ 정답과 해설 9쪽

오각형에 대하여 다음을 구하시오.

(1) 한 꼭짓점에서 그을 수 있는 대각선의 개수

➡ $5 - ③ = ②$

자기 자신과 그와 이웃하는 두 꼭짓점으로는 대각선을 그을 수 없어.

(2) 대각선의 개수

➡ $\dfrac{5 \times ②}{②} = 5$

한 대각선이 2번씩 그어지므로 2로 나눠야 해!

기억하자

n각형에 대하여

• 한 꼭짓점에서 그을 수 있는 대각선의 개수
➡ $n-3$

• 대각선의 개수
➡ $\dfrac{n(n-3)}{2}$

○익힘북 17쪽

1 아래 다각형에 대하여 다음을 구하시오.

(1) 사각형

① 한 꼭짓점에서 그을 수 있는 대각선의 개수

➡ $4 - \boxed{} = \boxed{}$

② 대각선의 개수

➡ $\dfrac{4 \times \boxed{}}{\boxed{}} = \boxed{}$

(2) 팔각형

① 한 꼭짓점에서 그을 수 있는 대각선의 개수

_____

② 대각선의 개수

_____

2 다음 다각형의 대각선의 개수를 구하시오.

(1) 구각형

➡ $\dfrac{\boxed{} \times (\boxed{} - 3)}{2} = \boxed{}$

(2) 십각형

_____

(3) 십이각형

(4) 십오각형

_____

조금 더⁺ 대각선의 개수가 주어질 때, 다각형 구하기

대각선이 9개인 다각형은?

➡ 구하는 다각형을 n각형이라고 하면

$\dfrac{n(n-3)}{2} = 9$ ⟵ $6 \times (6-3)$

$n(n-3) = 18 = \boxed{6 \times 3}$ ∴ $n = 6$

따라서 구하는 다각형은 육각형이다.

3 대각선의 개수가 다음과 같은 다각형을 구하시오.

(1) 대각선의 개수: 14

➡ 구하는 다각형을 n각형이라고 하면

$\dfrac{n(n - \boxed{})}{2} = 14$

$n(n - \boxed{}) = 28 = 7 \times 4$ ∴ $n = \boxed{}$

따라서 구하는 다각형은 $\boxed{}$이다.

(2) 대각선의 개수: 35

_____

(3) 대각선의 개수: 44

다각형의 내각의 크기의 합

▶ 정답과 해설 9쪽

아래 오각형에 대하여 다음을 구하시오.

(1) 한 꼭짓점에서 대각선을 모두 그었을 때 생기는 삼각형의 개수

➡ 5-2=**3**

(2) 내각의 크기의 합

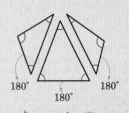

➡ 180°× **3** =540°

기억하자

n 각형에 대하여
• 한 꼭짓점에서 대각선을 모두 그었을 때 생기는 삼각형의 개수
➡ $n-2$
• 내각의 크기의 합
➡ 180°× ($n-2$)

○ 익힘북 18쪽

1 아래 다각형에 대하여 다음을 구하시오.

(1) 사각형

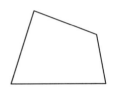

① 한 꼭짓점에서 대각선을 모두 그었을 때 생기는 삼각형의 개수
➡ 4- ☐ = ☐

② 내각의 크기의 합
➡ 180°× ☐ = ☐

(2) 육각형

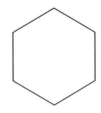

① 한 꼭짓점에서 대각선을 모두 그었을 때 생기는 삼각형의 개수
➡ 6- ☐ = ☐

② 내각의 크기의 합
➡ 180°× ☐ = ☐

(3) 칠각형

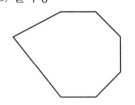

① 한 꼭짓점에서 대각선을 모두 그었을 때 생기는 삼각형의 개수 _____

② 내각의 크기의 합 _____

(4) 팔각형

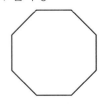

① 한 꼭짓점에서 대각선을 모두 그었을 때 생기는 삼각형의 개수 _____

② 내각의 크기의 합 _____

2 다음 다각형의 내각의 크기의 합을 구하시오.

(1) 구각형 _____

(2) 십일각형 _____

(3) 십오각형 _____

(4) 이십각형 _____

3 내각의 크기의 합이 다음과 같은 다각형을 구하시오.

(1) 1440°

➡ 구하는 다각형을 n각형이라고 하면
$180° \times (n-2) = 1440°$에서
$n-2 = \boxed{}$ ∴ $n = \boxed{}$
따라서 구하는 다각형은 $\boxed{}$이다.

(2) 1800° _____

(3) 2160° _____

4 다음 그림에서 $\angle x$의 크기를 구하시오.

(1)
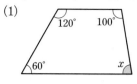

➡ $120° + 60° + \angle x + 100° = \boxed{}$ 〔사각형의 내각의 크기의 합〕

∴ $\angle x = \boxed{} - (120° + 60° + 100°) = \boxed{}$

(2)

_____

(3)
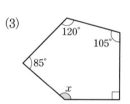
_____

(4)
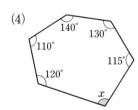
_____

6 다각형의 외각의 크기의 합

▶ 정답과 해설 10쪽

다음 오각형의 외각의 크기의 합을 구하시오.

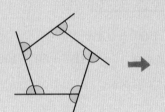

(내각의 크기의 합)+(외각의 크기의 합)=$180° \times 5$
  540°   900°

∴ (외각의 크기의 합)=$900°-540°=360°$

기억하자

n각형의 외각의 크기의 합은 항상 $360°$이다.

○ 익힘북 19쪽

1 다음 다각형의 외각의 크기의 합을 구하시오.

(1) 삼각형 _____

(2) 사각형 _____

(3) 육각형 _____

(4) 팔각형 _____

(2)

_____

(3)

_____

2 다음 그림에서 $\angle x$의 크기를 구하시오.

(1)

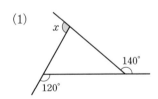

➡ $\angle x + 120° + 140° = \boxed{}$

∴ $\angle x = \boxed{} - (120° + 140°) = \boxed{}$

(4)

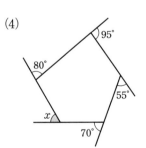

_____

(5)

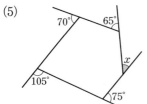

_____

(3)

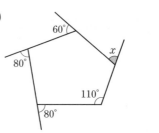

_____

(6)

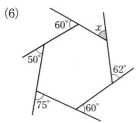

_____

(4)

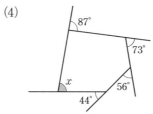

_____

3 다음 그림에서 ∠x의 크기를 구하시오.

(1)

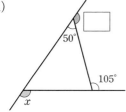

➡ $\boxed{}$ + ∠x + 105° = $\boxed{}$ ∴ ∠x = $\boxed{}$

(5)

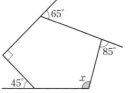

_____

(2)

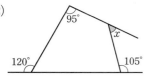

_____

(6)

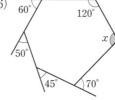

_____

정다각형의 한 내각과 한 외각의 크기

▶ 정답과 해설 10쪽

정오각형의 한 내각과 한 외각의 크기를 구하시오.

(1) 정오각형의 한 내각의 크기

↳ 정오각형의 내각의 크기의 합

➡ $\dfrac{180° \times (5-2)}{5} = 108°$

↳ 정오각형의 꼭짓점의 개수

(2) 정오각형의 한 외각의 크기

↳ 정오각형의 외각의 크기의 합

➡ $\dfrac{360°}{5} = 72°$

↳ 정오각형의 꼭짓점의 개수

기억하자

정n각형의 모든 내각의 크기와 모든 외각의 크기가 각각 같으므로

• (정n각형의 한 내각의 크기)
$= \dfrac{180° \times (n-2)}{n}$ ← 내각의 크기의 합
← 꼭짓점의 개수

• (정n각형의 한 외각의 크기)
$= \dfrac{360°}{n}$ ← 외각의 크기의 합
← 꼭짓점의 개수

● 익힘북 20쪽

1 다음 정다각형의 한 내각의 크기를 구하시오.

(1) 정육각형

➡ $\dfrac{180° \times (\boxed{} - 2)}{\boxed{}} = \boxed{}$

(2) 정팔각형 _____

(3) 정십각형 _____

2 한 내각의 크기가 다음과 같은 정다각형을 구하시오.

(1) 140°

➡ 구하는 정다각형을 정n각형이라고 하면
$\dfrac{180° \times (n-2)}{n} = 140°$에서
$180° \times n - 360° = 140° \times n$
$\boxed{} \times n = 360°$ ∴ $n = \boxed{}$
따라서 구하는 정다각형은 $\boxed{}$ 이다.

(2) 150° _____

3 다음 정다각형의 한 외각의 크기를 구하시오.

(1) 정육각형

➡ $\dfrac{360°}{\boxed{}} = \boxed{}$

(2) 정팔각형 _____

(3) 정십각형 _____

4 한 외각의 크기가 다음과 같은 정다각형을 구하시오.

(1) 30°

➡ 구하는 정다각형을 정n각형이라고 하면
$\dfrac{360°}{n} = 30°$ ∴ $n = \boxed{}$
따라서 구하는 정다각형은 $\boxed{}$ 이다.

(2) 20° _____

원과 부채꼴

▶정답과 해설 11쪽

다음을 원 O 위에 나타내시오.

또는 호 AB에 대한 중심각

(1) 호 AB	(2) 현 AB	(3) 부채꼴 AOB	(4) 부채꼴 AOB의 중심각	(5) 현 AB와 호 AB로 이루어진 활꼴
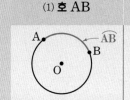	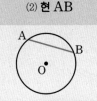	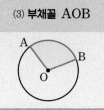	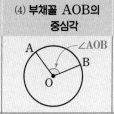	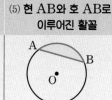

○익힘북 20쪽

1 다음 용어에 알맞은 그림을 보기에서 고르시오.

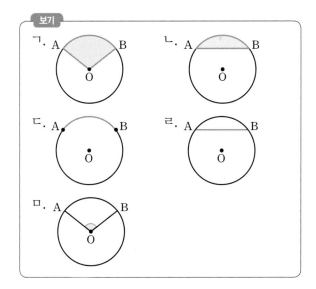

(1) 호 AB

_____

(2) 현 AB

_____

(3) 부채꼴 AOB

_____

(4) 부채꼴 AOB의 중심각

_____

(5) 현 AB와 호 AB로 이루어진 활꼴

_____

2 오른쪽 그림의 원 O에서 다음을 기호로 나타내시오.

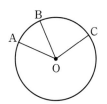

(1) ∠AOB에 대한 호

_____

(2) $\overarc{BC}$에 대한 중심각

_____

(3) 부채꼴 AOB의 중심각

_____

3 다음 중 옳은 것은 ○표, 옳지 <u>않은</u> 것은 ×표를 ( ) 안에 쓰시오.

(1) 현은 원 위의 두 점을 이은 선분이다. ( )

(2) 원의 현 중 가장 긴 것은 그 원의 지름이다.
( )

(3) 부채꼴은 호와 현으로 이루어진 도형이다.
( )

(4) 활꼴은 두 반지름과 호로 이루어진 도형이다.
( )

9 부채꼴의 중심각의 크기와 호의 길이

다음 그림의 원 O에서 x, y, z의 값을 구하시오.

(1)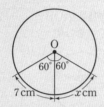

중심각의 크기가 같은 두 부채꼴의
호의 길이는 같으므로
$$x=7$$

(2)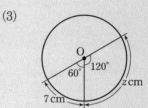

호의 길이가 같은 두 부채꼴의
중심각의 크기는 같으므로
$$y=120$$

(3)

호의 길이는 중심각의 크기에
정비례하므로
$$7:z=60°:120°$$
$$\therefore z=14$$

◎익힘북 21쪽

1 다음 그림의 원 O에서 x의 값을 구하시오.

(1)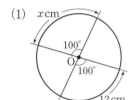

(2)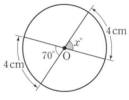

(3)

2 다음 그림의 원 O에서 x의 값을 구하시오.

(1)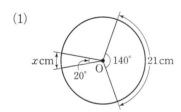

➡ $x:21=\boxed{}:140°$ $\therefore$ $x=\boxed{}$

(4)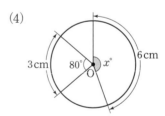

(2)

(5)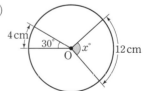

부채꼴의 중심각의 크기와 넓이

▶ 정답과 해설 11쪽

다음 그림의 원 O에서 x, y, z의 값을 구하시오.

(1)
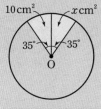

중심각의 크기가 같은
두 부채꼴의 넓이는 같으므로
$$x = 10$$

(2)
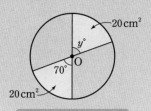

넓이가 같은 두 부채꼴의
중심각의 크기는 같으므로
$$y = 70$$

(3)
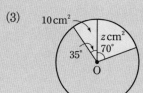

부채꼴의 넓이는 중심각의
크기에 정비례하므로
$$10 : z = 35° : 70°$$
$$\therefore z = 20$$

◐익힘북 21쪽

1 다음 그림의 원 O에서 x의 값을 구하시오.

(1)
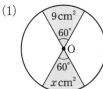

(2)

_____

(3)
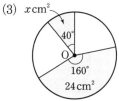

_____

2 다음 그림의 원 O에서 x의 값을 구하시오.

(1)
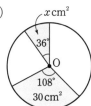

➡ $x : 30 = 36° : \boxed{}$ $\therefore x = \boxed{}$

(2)
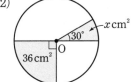

_____

(4)
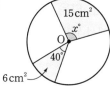

_____

(5)
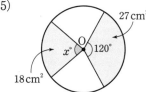

_____

중심각의 크기와 현의 길이

▶ 정답과 해설 11쪽

다음 그림의 원 O에서 x, y의 값을 구하고, ◯ 안에 =, >, < 중에서 알맞은 것을 쓰시오.

(1)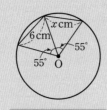

중심각의 크기가 같은
두 현의 길이는 같으므로
$x=6$

(2)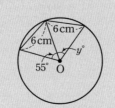

길이가 같은 두 현에 대한
중심각의 크기는 같으므로
$y=55$

(3)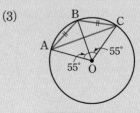

현의 길이는 중심각의
크기에 정비례하지 않으므로
$2\overline{AB}$ ⟩ $\overline{AC}$

◎ 익힘북 22쪽

1 다음 그림의 원 O에서 x의 값을 구하시오.

(1) 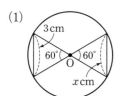   (2)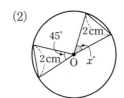

_____   _____

2 오른쪽 그림의 원 O에서 $\angle AOB = \angle BOC$일 때, 다음 ◯ 안에 =, <, > 중에서 알맞은 것을 쓰시오.

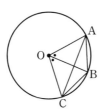

(1) $\overparen{AB}$ ◯ $\overparen{BC}$

(2) $\overparen{AC}$ ◯ $2\overparen{AB}$

(3) $\overline{AB}$ ◯ $\overline{BC}$

(4) $\overline{AC}$ ◯ $2\overline{AB}$

(5) (부채꼴 AOC의 넓이) ◯ 2×(부채꼴 AOB의 넓이)

3 다음 중 한 원 또는 합동인 두 원에 대한 설명으로 옳은 것은 ◯표, 옳지 <u>않은</u> 것은 ×표를 ( ) 안에 쓰시오.

(1) 크기가 같은 중심각에 대한 호의 길이는 같다.

( )

(2) 중심각의 크기가 같은 두 부채꼴의 현의 길이는 다르다. ( )

(3) 호의 길이는 중심각의 크기에 정비례한다.

( )

(4) 현의 길이는 중심각의 크기에 정비례한다.

( )

(5) 부채꼴의 넓이는 중심각의 크기에 정비례한다.

( )

 중심각의 크기와 호의 길이, 현의 길이, 넓이 사이의 관계

한 원 또는 합동인 두 원에서

➡ 중심각의 크기에 ┌ 정비례하는 것: 호의 길이, 부채꼴의 넓이
└ 정비례하지 않는 것: 현의 길이

원의 둘레의 길이와 넓이

▶ 정답과 해설 11쪽

반지름의 길이가 4 cm인 원의 둘레의 길이 l과 넓이 S를 각각 구하시오.

기억하자

반지름의 길이가 r인 원의 둘레의 길이 l과 넓이 S는

- $l = 2\pi r$
- $S = \pi r^2$

원의 둘레의 길이

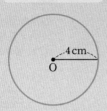

$l = 2 \times (\text{반지름의 길이}) \times (\text{원주율})$
$= 2 \times 4 \times \pi$
$= 8\pi \, (\text{cm})$

원의 넓이

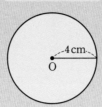

$S = (\text{반지름의 길이})^2 \times (\text{원주율})$
$= 4^2 \times \pi$
$= 16\pi \, (\text{cm}^2)$

○ 익힘북 22쪽

1 다음 원의 둘레의 길이 l을 구하시오.

(1)
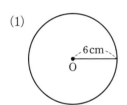

➡ $l = 2\pi \times \boxed{} = \boxed{} \, (\text{cm})$

(2)
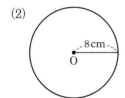

_____

(3)
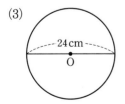

_____

2 다음 원의 넓이 S를 구하시오.

(1)
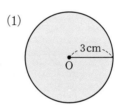

➡ $S = \pi \times \boxed{} = \boxed{} \, (\text{cm}^2)$

(2)
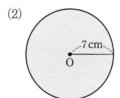

_____

(3)
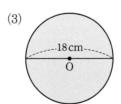

_____

13 부채꼴의 호의 길이와 넓이

▶ 정답과 해설 11쪽

반지름의 길이가 4 cm, 중심각의 크기가 45°인 부채꼴의 호의 길이 l과 넓이 S를 각각 구하시오.

부채꼴의 호의 길이	부채꼴의 넓이

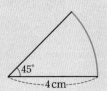

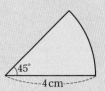

$l = (원의 \ 둘레의 \ 길이) \times \dfrac{45}{360}$

$= 2\pi \times 4 \times \dfrac{45}{360}$

$= \pi \ (\text{cm})$

$S = (원의 \ 넓이) \times \dfrac{45}{360}$

$= \pi \times 4^2 \times \dfrac{45}{360}$

$= 2\pi \ (\text{cm}^2)$

기억하자

반지름의 길이가 r, 중심각의 크기가 x°인 부채꼴의 호의 길이 l과 넓이 S는

• $l = 2\pi r \times \dfrac{x}{360}$

• $S = \pi r^2 \times \dfrac{x}{360}$

◉ 익힘북 23쪽

1 다음 부채꼴의 호의 길이 l을 구하시오.

(1)

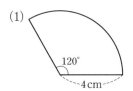

➡ $l = 2\pi \times \boxed{} \times \dfrac{\boxed{}}{360} = \boxed{}$ (cm)

(2)

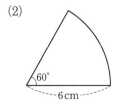

(3)

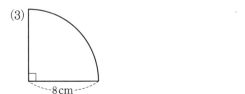

2 다음 부채꼴의 넓이 S를 구하시오.

(1)

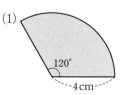

➡ $S = \pi \times \boxed{} \times \dfrac{\boxed{}}{360} = \boxed{}$ (cm²)

(2)

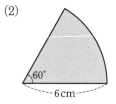

(3)

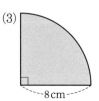

3 다음과 같은 부채꼴의 중심각의 크기를 구하시오.

(1) 반지름의 길이가 9 cm, 호의 길이가 2π cm

➡ 부채꼴의 중심각의 크기를 $x°$라고 하면

$2\pi \times \boxed{} \times \dfrac{x}{360} = \boxed{}$

$\therefore x = \boxed{}$

따라서 부채꼴의 중심각의 크기는 $\boxed{}$이다.

(2) 반지름의 길이가 12 cm, 호의 길이가 9π cm

_____

4 다음과 같은 부채꼴의 반지름의 길이를 구하시오.

(1) 중심각의 크기가 45°, 호의 길이가 π cm

➡ 부채꼴의 반지름의 길이를 r cm라고 하면

$2\pi \times r \times \dfrac{\boxed{}}{360} = \pi$

$\therefore r = \boxed{}$

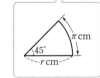

따라서 부채꼴의 반지름의 길이는 $\boxed{}$이다.

(2) 중심각의 크기가 150°, 호의 길이가 10π cm

_____

5 다음과 같은 부채꼴의 중심각의 크기를 구하시오.

(1) 반지름의 길이가 6 cm, 넓이가 5π cm²

➡ 부채꼴의 중심각의 크기를 $x°$라고 하면

$\pi \times \boxed{} \times \dfrac{x}{360} = \boxed{}$

$\therefore x = \boxed{}$

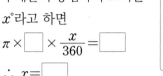

따라서 부채꼴의 중심각의 크기는 $\boxed{}$이다.

(2) 반지름의 길이가 9 cm, 넓이가 27π cm²

_____

6 다음과 같은 부채꼴의 반지름의 길이를 구하시오.

(1) 중심각의 크기가 120°, 넓이가 12π cm²

➡ 부채꼴의 반지름의 길이를 r cm라고 하면

$\pi \times r^2 \times \dfrac{120}{360} = \boxed{}$

$r^2 = \boxed{}$

$\therefore r = \boxed{} \ (\because r > 0)$

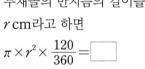

따라서 부채꼴의 반지름의 길이는 $\boxed{}$이다.

(2) 중심각의 크기가 90°, 넓이가 4π cm²

_____

부채꼴의 호의 길이와 넓이 사이의 관계

중심각의 크기가 $x°$인 부채꼴의 넓이 S를 반지름의 길이 r와 호의 길이 l을 사용하여 나타내면

➡ $S = \pi r^2 \times \dfrac{x}{360} = \dfrac{1}{2} \times \underbrace{\left(2\pi r \times \dfrac{x}{360}\right)}_{l} \times r = \dfrac{1}{2}rl$

부채꼴의 반지름의 길이와 호의 길이를 알면 넓이를 구할 수 있어~!

7 다음 부채꼴의 넓이 S를 구하시오.

(1)

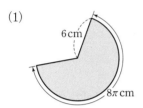

6 cm
8π cm

➡ $S = \dfrac{1}{2} \times 6 \times \boxed{} = \boxed{}\,(\text{cm}^2)$

(2)

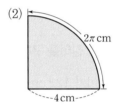

2π cm
4 cm

_____

(3)

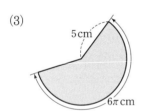

5 cm
6π cm

_____

(4)

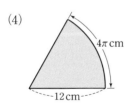

4π cm
12 cm

_____

8 다음과 같은 부채꼴의 호의 길이를 구하시오.

(1) 반지름의 길이가 $2\,\text{cm}$, 넓이가 $3\pi\,\text{cm}^2$

➡ 부채꼴의 호의 길이를 $l\,\text{cm}$라고 하면

$\dfrac{1}{2} \times \boxed{} \times l = \boxed{}$

$\therefore l = \boxed{}\,(\text{cm})$

따라서 부채꼴의 호의 길이는 $\boxed{}$이다.

(2) 반지름의 길이가 $6\,\text{cm}$, 넓이가 $12\pi\,\text{cm}^2$

_____

9 다음과 같은 부채꼴의 반지름의 길이를 구하시오.

(1) 호의 길이가 $5\pi\,\text{cm}$, 넓이가 $10\pi\,\text{cm}^2$

➡ 부채꼴의 반지름의 길이를 $r\,\text{cm}$라고 하면

$\dfrac{1}{2} \times r \times \boxed{} = \boxed{}$

$\therefore r = \boxed{}$

따라서 부채꼴의 반지름의 길이는 $\boxed{}$이다.

(2) 호의 길이가 $2\pi\,\text{cm}$, 넓이가 $5\pi\,\text{cm}^2$

_____

색칠한 부분의 둘레의 길이

▶ 정답과 해설 12쪽

다음 그림에서 색칠한 부분의 둘레의 길이를 구하시오.

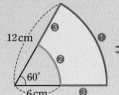

$$=$$

① (큰 호의 길이)

$$=2\pi \times 12 \times \frac{60}{360}$$

$$=4\pi(cm)$$

$$+$$

② (작은 호의 길이)

$$=2\pi \times 6 \times \frac{60}{360}$$

$$=2\pi(cm)$$

$$+$$

③ (선분의 길이) × 2

$$=(12-6) \times 2$$

$$=12(cm)$$

➡ (색칠한 부분의 둘레의 길이)$=4\pi+2\pi+12=6\pi+12(cm)$

○ 익힘북 24쪽

1 오른쪽 그림에서 색칠한 부분의 둘레의 길이를 구하시오.

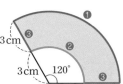

① $2\pi \times \boxed{} \times \dfrac{\boxed{}}{360} = \boxed{}$ (cm)

② $2\pi \times \boxed{} \times \dfrac{\boxed{}}{360} = \boxed{}$ (cm)

③ $\boxed{} \times 2 = \boxed{}$ (cm)

➡ (색칠한 부분의 둘레의 길이)$=($ $\boxed{}$ $)$ cm

3 오른쪽 그림에서 색칠한 부분의 둘레의 길이를 구하시오.

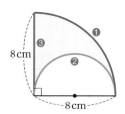

① $2\pi \times \boxed{} \times \dfrac{\boxed{}}{360} = \boxed{}$ (cm)

② $2\pi \times \boxed{} \times \boxed{\dfrac{1}{2}} = \boxed{}$ (cm)

↳ 원의 둘레의 $\frac{1}{2}$

③ $\boxed{}$ cm

➡ (색칠한 부분의 둘레의 길이)$=($ $\boxed{}$ $)$ cm

2 오른쪽 그림에서 색칠한 부분의 둘레의 길이를 구하시오.

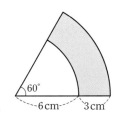

_____

4 오른쪽 그림에서 색칠한 부분의 둘레의 길이를 구하시오.

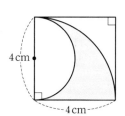

_____

색칠한 부분의 넓이

▶ 정답과 해설 12쪽

다음 그림에서 색칠한 부분의 넓이를 구하시오.

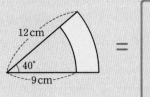 = 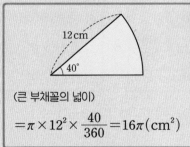 −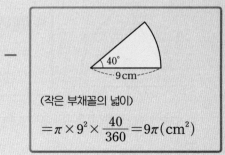

(큰 부채꼴의 넓이)
$= \pi \times 12^2 \times \dfrac{40}{360} = 16\pi \, (\mathrm{cm}^2)$

(작은 부채꼴의 넓이)
$= \pi \times 9^2 \times \dfrac{40}{360} = 9\pi \, (\mathrm{cm}^2)$

➡ (색칠한 부분의 넓이) $= 16\pi - 9\pi = 7\pi \, (\mathrm{cm}^2)$

○ 익힘북 **24쪽**

1 오른쪽 그림에서 색칠한 부분의 넓이를 구하시오.

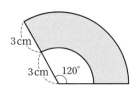

(색칠한 부분의 넓이)

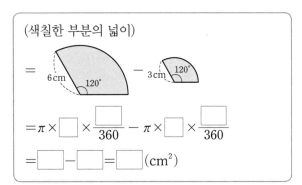

$= \pi \times \boxed{} \times \dfrac{\boxed{}}{360} - \pi \times \boxed{} \times \dfrac{\boxed{}}{360}$

$= \boxed{} - \boxed{} = \boxed{} \, (\mathrm{cm}^2)$

2 오른쪽 그림에서 색칠한 부분의 넓이를 구하시오.

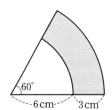

_____

3 오른쪽 그림에서 색칠한 부분의 넓이를 구하시오.

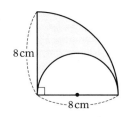

(색칠한 부분의 넓이)

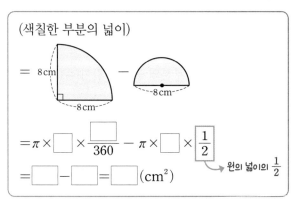

$= \pi \times \boxed{} \times \dfrac{\boxed{}}{360} - \pi \times \boxed{} \times \dfrac{1}{2}$

↳ 원의 넓이의 $\dfrac{1}{2}$

$= \boxed{} - \boxed{} = \boxed{} \, (\mathrm{cm}^2)$

4 오른쪽 그림에서 색칠한 부분의 넓이를 구하시오.

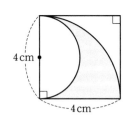

_____

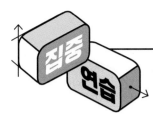

색칠한 부분의 둘레의 길이와 넓이

▶정답과 해설 13쪽

1 오른쪽 그림에서 색칠한 부분의 둘레의 길이와 넓이를 구하시오.

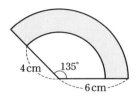

(1) 둘레의 길이 _____

(2) 넓이 _____

2 오른쪽 그림에서 색칠한 부분의 둘레의 길이와 넓이를 구하시오.

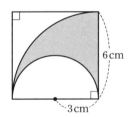

(1) 둘레의 길이 _____

(2) 넓이 _____

3 오른쪽 그림에서 색칠한 부분의 둘레의 길이와 넓이를 구하시오.

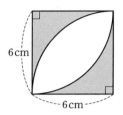

(1) 둘레의 길이

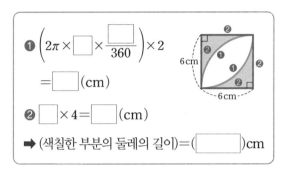

❶ $\left(2\pi \times \boxed{} \times \dfrac{\boxed{}}{360}\right) \times 2$

$= \boxed{}$ (cm)

❷ $\boxed{} \times 4 = \boxed{}$ (cm)

➡ (색칠한 부분의 둘레의 길이)$=\left(\boxed{}\right)$cm

(2) 넓이

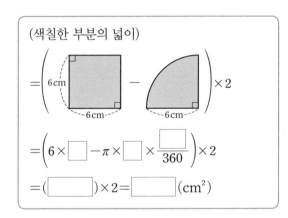

(색칠한 부분의 넓이)

$= \left(\ \boxed{} \ - \ \boxed{} \ \right) \times 2$

$= \left(6 \times \boxed{} - \pi \times \boxed{} \times \dfrac{\boxed{}}{360}\right) \times 2$

$= \left(\boxed{}\right) \times 2 = \boxed{}$ (cm^2)

4 오른쪽 그림에서 색칠한 부분의 둘레의 길이와 넓이를 구하시오.

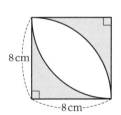

(1) 둘레의 길이 _____

(2) 넓이 _____

5 오른쪽 그림에서 색칠한 부분의 둘레의 길이와 넓이를 구하시오.

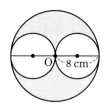

(1) 둘레의 길이

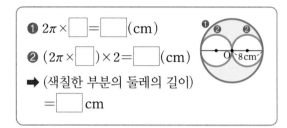

❶ $2\pi \times \boxed{} = \boxed{}$ (cm)

❷ $(2\pi \times \boxed{}) \times 2 = \boxed{}$ (cm)

➡ (색칠한 부분의 둘레의 길이)
$= \boxed{}$ cm

(2) 넓이

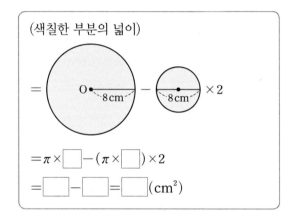

(색칠한 부분의 넓이)

$= \pi \times \boxed{} - (\pi \times \boxed{}) \times 2$

$= \boxed{} - \boxed{} = \boxed{}$ (cm²)

6 오른쪽 그림에서 색칠한 부분의 둘레의 길이와 넓이를 구하시오.

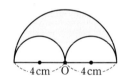

(1) 둘레의 길이 _____

(2) 넓이 _____

7 오른쪽 그림에서 색칠한 부분의 둘레의 길이와 넓이를 구하시오.

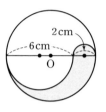

(1) 둘레의 길이

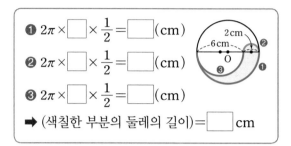

❶ $2\pi \times \boxed{} \times \dfrac{1}{2} = \boxed{}$ (cm)

❷ $2\pi \times \boxed{} \times \dfrac{1}{2} = \boxed{}$ (cm)

❸ $2\pi \times \boxed{} \times \dfrac{1}{2} = \boxed{}$ (cm)

➡ (색칠한 부분의 둘레의 길이) $= \boxed{}$ cm

(2) 넓이

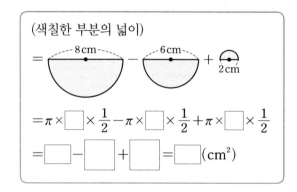

(색칠한 부분의 넓이)

$= \pi \times \boxed{} \times \dfrac{1}{2} - \pi \times \boxed{} \times \dfrac{1}{2} + \pi \times \boxed{} \times \dfrac{1}{2}$

$= \boxed{} - \boxed{} + \boxed{} = \boxed{}$ (cm²)

8 오른쪽 그림에서 색칠한 부분의 둘레의 길이와 넓이를 구하시오.

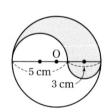

(1) 둘레의 길이 _____

(2) 넓이 _____

1 오른쪽 그림의 다각형 ABCDE에서 다음 각의 크기를 구하시오.

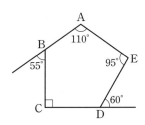

(1) ∠A의 외각 _____

(2) ∠B의 내각 _____

(3) ∠D의 내각 _____

(4) ∠E의 외각 _____

2 다음 그림에서 ∠x의 크기를 구하시오.

(1)

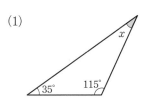

_____

(2)

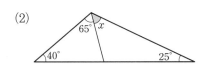

_____

3 다음 그림에서 ∠x의 크기를 구하시오.

(1)

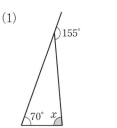

_____

(2)

_____

4 다음 다각형에 대하여 한 꼭짓점에서 그을 수 있는 대각선의 개수와 모든 대각선의 개수를 차례로 구하시오.

(1) 육각형 _____

(2) 십사각형 _____

(3) 십육각형 _____

5 내각의 크기의 합이 다음과 같은 다각형을 구하시오.

(1) 720° _____

(2) 1980° _____

6 다음 그림에서 ∠x의 크기를 구하시오.

(1) (2)

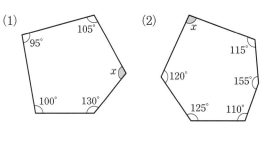

_____

(3) (4)

_____

7 다음 정다각형의 한 내각의 크기와 한 외각의 크기를 차례로 구하시오.

(1) 정오각형 _____

(2) 정구각형 _____

8 오른쪽 그림과 같이 $\overline{AD}$가 지름인 원 O에서 다음을 기호로 나타내시오.

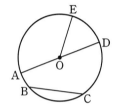

(1) ∠AOE에 대한 호 _____

(2) 길이가 가장 긴 현 _____

(3) 부채꼴 EOD의 중심각 _____

(4) $\overparen{AD}$에 대한 중심각의 크기 _____

9 다음 그림의 원 O에서 x의 값을 구하시오.

(1)

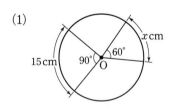

_____

(2)

_____

10 다음 그림의 원 O에서 x의 값을 구하시오.

(1)

_____

(2)

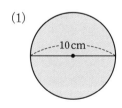

_____

11 다음 중 한 원 또는 합동인 두 원에 대한 설명으로 옳은 것은 ○표, 옳지 않은 것은 ×표를 ( ) 안에 쓰시오.

(1) 길이가 같은 호에 대한 중심각의 크기는 같다.
( )

(2) 길이가 같은 두 현에 대한 중심각의 크기는 같다.
( )

(3) 호의 길이는 중심각의 크기에 정비례하지 않는다.
( )

(4) 중심각의 크기가 같은 두 부채꼴의 넓이는 같다.
( )

12 다음 그림과 같은 도형의 둘레의 길이와 넓이를 차례로 구하시오.

(1)

_____

(2)

_____

13 다음 부채꼴의 호의 길이 l과 넓이 S를 차례로 구하시오.

(1)

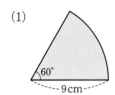

(2)

14 다음 부채꼴의 중심각의 크기를 구하시오.

(1)

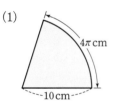

(2)

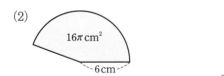

15 다음 부채꼴의 반지름의 길이를 구하시오.

(1)

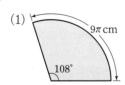

(2)

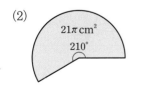

16 다음 부채꼴의 넓이 S를 구하시오.

(1)

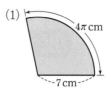

(2)

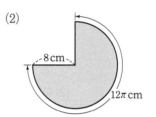

17 다음 그림에서 색칠한 부분의 둘레의 길이를 구하시오.

(1)

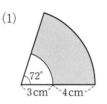

(2)

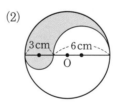

18 다음 그림에서 색칠한 부분의 넓이를 구하시오.

(1)

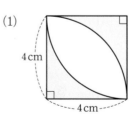

(2)

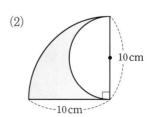

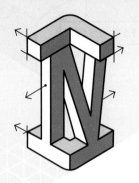

입체도형

1 다면체와 회전체
2 입체도형의 겉넓이와 부피

개념 CHECK

IV·1 다면체와 회전체

1 다면체

(1) 다면체: 다각형인 면으로만 둘러싸인 입체도형

① **면:** 다면체를 둘러싸고 있는 다각형

② **모서리:** 다면체를 둘러싸고 있는 다각형의 변

③ **꼭짓점:** 다면체를 둘러싸고 있는 다각형의 꼭짓점

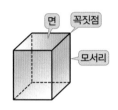

(2) 다면체의 종류

① **각기둥:** 두 밑면이 서로 평행하고 합동인 다각형이고, 옆면이 모두 직사각형인 다면체

② **각뿔:** 밑면이 다각형이고 옆면이 모두 삼각형인 다면체

③ **각뿔대:** 각뿔을 밑면에 평행한 평면으로 잘라서 생기는 두 다면체 중에서 각뿔이 아닌 쪽의 입체도형

[삼각뿔대]

참고 각기둥, 각뿔, 각뿔대는 밑면의 모양에 따라 이름이 결정된다.

- 오른쪽 그림의 사각기둥은
  ❶ □ 면체
  모서리가 ❷ □ 개
  꼭짓점이 ❸ □ 개

- 오른쪽 그림의 각뿔대의 이름은 ❹ □ 이다.

2 정다면체

(1) 정다면체 → 둘 다 만족시켜야 해! ←

모든 면이 합동인 정다각형이고, 각 꼭짓점에 모인 면의 개수가 같은 다면체

(2) 정다면체의 종류

정사면체, 정육면체, 정팔면체, 정십이면체, 정이십면체의 **다섯 가지뿐**이다.

3 회전체

(1) 회전체: 평면도형을 한 직선 l을 축으로 하여 1회전 시킬 때 생기는 입체도형

① **회전축:** 회전시킬 때 축이 되는 직선 l

② **모선:** 회전하여 옆면을 만드는 선분

(2) 원뿔대: 원뿔을 밑면에 평행한 평면으로 잘라서 생기는 두 입체도형 중에서 원뿔이 아닌 쪽의 입체도형

(3) 회전체의 종류: 원기둥, 원뿔, 원뿔대, 구 등이 있다.

- 다음 입체도형 중에서

  ㉠ 정사면체 ㉡ 원뿔대 ㉢ 구
  ㉣ 사각기둥 ㉤ 삼각뿔 ㉥ 원뿔

  회전체는 ❺ □, ❻ □, ❼ □ 이다.

회전체	원기둥	원뿔	원뿔대	구
겨냥도	밑면 / 모선 / 옆면 / 밑면	모선 / 옆면 / 밑면	밑면 / 모선 / 옆면 / 밑면	
회전시킨 평면도형	직사각형	직각삼각형	사다리꼴	반원

(4) 회전체의 성질

① 회전체를 <u>회전축에 수직인 평면</u>으로 자른 단면의 경계는
   항상 <u>원</u>이다.

② 회전체를 <u>회전축을 포함하는 평면</u>으로 자른 단면은 모두
   합동이고, 회전축에 대한 <u>선대칭도형</u>이다.

한 직선을 따라 접었을 때 완전히 겹치는 도형 ┘

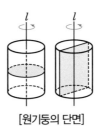

[원기둥의 단면]

개념 CHECK

오른쪽 그림의 원기둥에서

• 회전축에 수직인 평면으로 자른 단면은 ⑧ 이다.

• 회전축을 포함하는 평면으로 자른 단면은 ⑨ 이다.

IV·2 입체도형의 겉넓이와 부피

❶ 기둥의 겉넓이와 부피

(1) 기둥의 겉넓이 ➡ (기둥의 겉넓이)=(밑넓이)×2+(옆넓이)

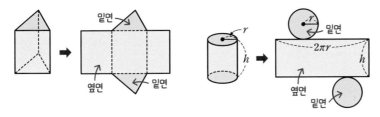

(2) 기둥의 부피 ➡ (기둥의 부피)=(밑넓이)×(높이)

[참고] 밑면인 원의 반지름의 길이가 r이고, 높이가 h인 원기둥의 겉넓이를 S, 부피를 V라고 하면
$$S=\pi r^2 \times 2 + 2\pi r \times h = 2\pi r^2 + 2\pi rh, \quad V = \pi r^2 \times h = \pi r^2 h$$

오른쪽 그림의 삼각기둥에 대하여

• (겉넓이)=(밑넓이)×2+(옆넓이)
  =⑩ ×2+⑪ ×7
  =⑫ (cm²)

• (부피)=(밑넓이)×(높이)
  =⑬ ×7
  =⑭ (cm³)

❷ 뿔의 겉넓이와 부피

(1) 뿔의 겉넓이 ➡ (뿔의 겉넓이)=(밑넓이)+(옆넓이)

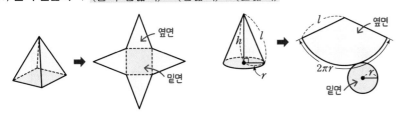

(2) 뿔의 부피 ➡ (뿔의 부피)=$\frac{1}{3}$×(밑넓이)×(높이) → $\frac{1}{3}$×(기둥의 부피)

[참고] 밑면인 원의 반지름의 길이가 r이고, 모선의 길이가 l, 높이가 h인 원뿔의 겉넓이를 S, 부피를 V라고 하면
$$S=\pi r^2 + \frac{1}{2} \times l \times 2\pi r = \pi r^2 + \pi rl, \quad V = \frac{1}{3} \times \pi r^2 \times h = \frac{1}{3}\pi r^2 h$$

오른쪽 그림의 각뿔에 대하여

• (겉넓이)=(밑넓이)+(옆넓이)
  =⑮ +⑯ ×4
  =⑰ (cm²)

• (부피)=$\frac{1}{3}$×(밑넓이)×(높이)
  =$\frac{1}{3}$×⑱ ×⑲
  =⑳ (cm³)

❸ 구의 겉넓이와 부피

반지름의 길이가 r인 구의 겉넓이를 S, 부피를 V라고 하면

(1) $S=4\pi r^2$ (2) $V=\frac{4}{3}\pi r^3$

정답

❶ 육 ❷ 12 ❸ 8 ❹ 사각뿔대 ❺ ㉡
❻ ㉢ ❼ ㉮ ❽ 원 ❾ 직사각형 ⑩ 6
⑪ 12 ⑫ 96 ⑬ 6 ⑭ 42 ⑮ 36 ⑯ 15
⑰ 96 ⑱ 36 ⑲ 4 ⑳ 48

다면체

▶정답과 해설 15쪽

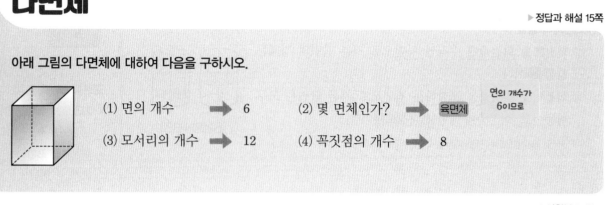

아래 그림의 다면체에 대하여 다음을 구하시오.

(1) 면의 개수 ➡ 6

(2) 몇 면체인가? ➡ 육면체

(3) 모서리의 개수 ➡ 12

(4) 꼭짓점의 개수 ➡ 8

면의 개수가 6이므로

◎익힘북 25쪽

1 다음 다면체를 보고 표를 완성하시오.

다면체			
면의 개수			
몇 면체인가?			
모서리의 개수			
꼭짓점의 개수			

2 아래 보기의 입체도형 중에서 다음을 만족시키는 것을 모두 고르시오.

보기

ㄱ. ㄴ. ㄷ. ㄹ. ㅁ. ㅂ.

(1) 다면체 _____

(2) 칠면체 _____

(3) 모서리의 개수가 12인 다면체 _____

(4) 꼭짓점의 개수가 5인 다면체 _____

다면체의 종류

▶ 정답과 해설 15쪽

다음 다면체를 보고 표를 완성하시오.

각뿔대란 각뿔을 밑면에 평행한 평면으로 잘라서
생기는 두 다면체 중에서 각뿔이 아닌 쪽의 도형이야~!

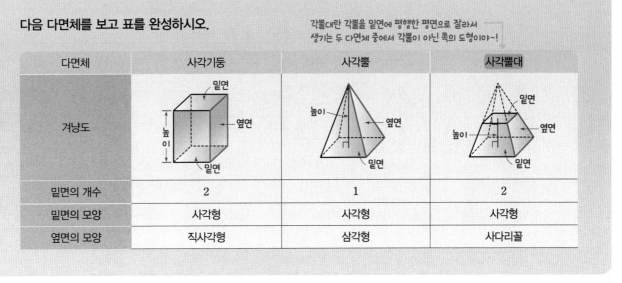

다면체	사각기둥	사각뿔	사각뿔대
겨냥도			
밑면의 개수	2	1	2
밑면의 모양	사각형	사각형	사각형
옆면의 모양	직사각형	삼각형	사다리꼴

◐익힘북 25쪽

1 다음 다면체를 보고 표를 완성하시오.

다면체			
이름			
밑면의 개수			
밑면의 모양			
옆면의 모양			

2 아래 보기의 다면체 중에서 다음을 만족시키는 것을 모두 고르시오.

보기

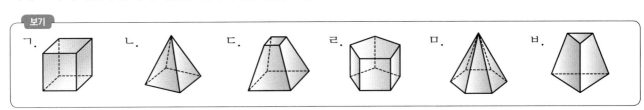

ㄱ.　　　ㄴ.　　　ㄷ.　　　ㄹ.　　　ㅁ.　　　ㅂ.

(1) 밑면의 개수가 2인 다면체 _____

(2) 밑면의 모양이 사각형인 다면체 _____

(3) 옆면의 모양이 직사각형이 아닌 사다리꼴인 다면체 _____

(4) 옆면의 모양이 삼각형인 다면체 _____

 정다면체

▶ 정답과 해설 16쪽

다음 정다면체를 보고 표를 완성하시오.

정다면체	정사면체	정육면체	정팔면체	정십이면체	정이십면체
겨냥도					
면의 모양	정삼각형	정사각형	정삼각형	정오각형	정삼각형
한 꼭짓점에 모인 면의 개수	3	3	4	3	5
면의 개수	4	6	8	12	20

참고 정다면체는 입체도형이므로 한 꼭짓점에 3개 이상의 면이 모여야 하고, 한 꼭짓점에 모인 각의 크기의 합은 360°보다 작아야 한다.

○익힘북 26쪽

1 다음 정다면체에 대한 설명 중 옳은 것은 ○표, 옳지 않은 것은 ×표를 ( ) 안에 쓰시오.

(1) 정다면체는 각 면이 모두 합동인 정다각형으로 이루어져 있다. (   )

(2) 정다면체는 각 꼭짓점에 모인 면의 개수가 모두 같다. (   )

(3) 정다면체는 무수히 많다. (   )

(4) 면의 모양이 정육각형인 정다면체도 있다. (   )

(5) 한 꼭짓점에 모인 각의 크기의 합은 360°보다 작아야 한다. (   )

2 다음 조건을 만족시키는 정다면체를 모두 구하시오.

(1) 각 면의 모양이 정삼각형인 정다면체

_____

(2) 각 면의 모양이 정사각형인 정다면체

_____

(3) 각 면의 모양이 정오각형인 정다면체

_____

(4) 각 꼭짓점에 모인 면의 개수가 3인 정다면체

_____

3 다음 정다면체와 그 전개도를 바르게 연결하시오.

(1) · ·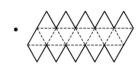

(2) · ·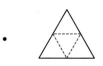

(3) · ·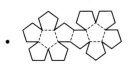

(4) · ·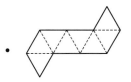

(5) · ·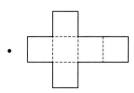

4 다음 그림의 전개도로 만든 정다면체에 대한 설명 중 옳은 것은 ○표, 옳지 <u>않은</u> 것은 ×표를 ( ) 안에 쓰시오.

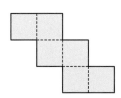

(1) 이 정다면체의 이름은 정사면체이다. (   )

(2) 한 꼭짓점에 모인 면의 개수는 4이다. (   )

(3) 꼭짓점의 개수는 8이다. (   )

(4) 모서리의 개수는 9이다. (   )

5 아래 그림의 전개도로 만든 정다면체에 대하여 □ 안에 알맞은 것을 쓰고, 다음을 구하시오.

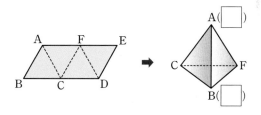

(1) 점 A와 겹치는 점 _____

(2) 점 B와 겹치는 점 _____

(3) $\overline{AB}$와 겹치는 모서리 _____

6 아래 그림의 전개도로 만든 정다면체에 대하여 □ 안에 알맞은 것을 쓰고, 다음을 구하시오.

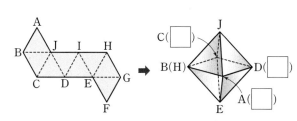

(1) 점 A와 겹치는 점 _____

(2) $\overline{AB}$와 겹치는 모서리 _____

(3) $\overline{BJ}$와 평행한 모서리 _____

 회전체

▶ 정답과 해설 16쪽

다음 그림과 같은 평면도형을 직선 l을 회전축으로 하여 1회전 시킬 때 생기는 회전체를 그리고, 그 도형의 이름을 말하시오.

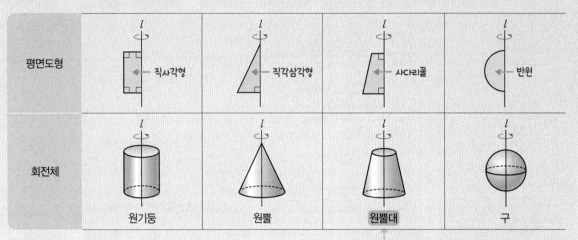

평면도형	직사각형	직각삼각형	사다리꼴	반원
회전체	원기둥	원뿔	원뿔대	구

원뿔대란 원뿔을 밑면에 평행한 평면으로 잘라서
생기는 두 입체도형 중에서 원뿔이 아닌 쪽의 입체도형이야!

◐ 익힘북 27쪽

1 다음 입체도형 중에서 회전체인 것은 ○표, 회전체가 아닌 것은 ×표를 (   ) 안에 쓰시오.

(1)
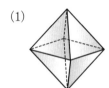

(   )

(2)
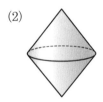

(   )

(3)
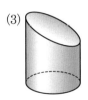

(   )

(4)
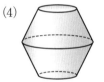

(   )

(5)
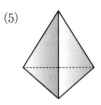

(   )

(6)

(   )

2 다음 그림과 같은 평면도형을 직선 l을 회전축으로 하여 1회전 시킬 때 생기는 회전체를 그리시오.

(1)

(2)
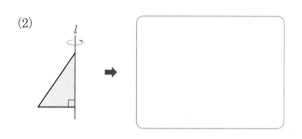

(3)
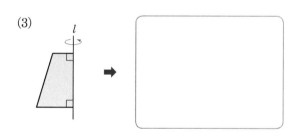

(4)
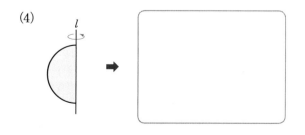

3 다음 그림과 같은 평면도형을 직선 l을 회전축으로 하여 1회전 시킬 때 생기는 회전체로 옳은 것은 ○표, 옳지 <u>않은</u> 것은 ×표를 ( ) 안에 쓰시오.

(1)
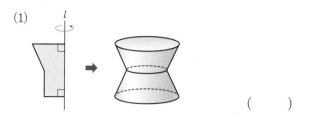
( )

(2)
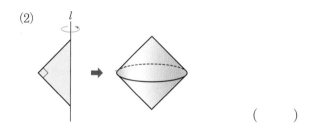
( )

(3)
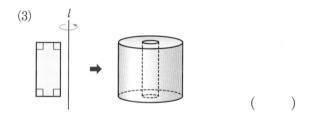
( )

(4)
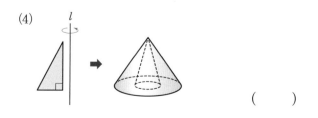
( )

회전체의 성질

다음 그림과 같은 회전체를 회전축에 수직인 평면과 회전축을 포함하는 평면으로 자를 때 생기는 단면의 모양을 구하시오.

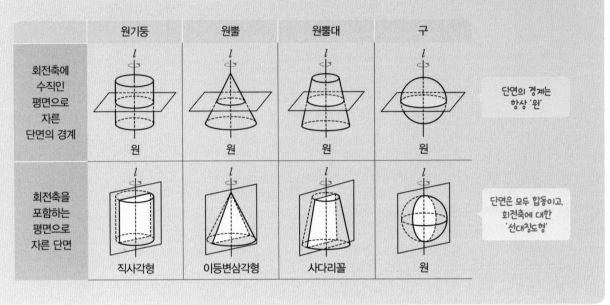

	원기둥	원뿔	원뿔대	구
회전축에 수직인 평면으로 자른 단면의 경계	원	원	원	원
회전축을 포함하는 평면으로 자른 단면	직사각형	이등변삼각형	사다리꼴	원

단면의 경계는 항상 '원'

단면은 모두 합동이고, 회전축에 대한 '선대칭도형'

◎익힘북 27쪽

1 다음 그림과 같은 회전체를 회전축에 수직인 평면으로 자를 때 생기는 단면의 모양을 그리시오.

(1)
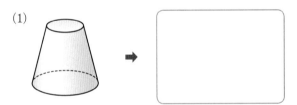

(2)
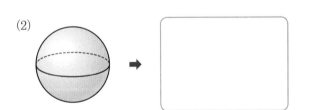

(3)
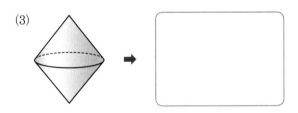

(4)
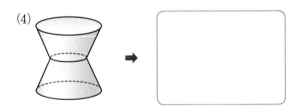

(5)
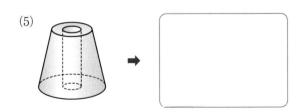

2 다음 그림과 같은 회전체를 회전축을 포함하는 평면으로 자를 때 생기는 단면의 모양을 그리시오.

(1)

 ➡

(2)

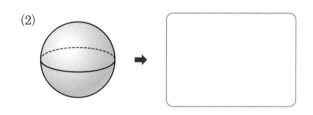 ➡

(3)

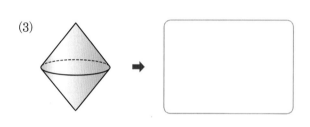 ➡

(4)

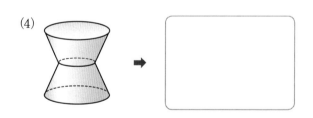 ➡

(5)

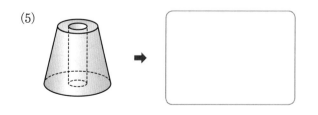 ➡

3 다음 회전체에 대한 설명 중 옳은 것은 ○표, 옳지 않은 것은 ×표를 ( ) 안에 쓰시오.

(1) 원기둥, 원뿔, 원뿔대, 구는 모두 회전체이다.
( )

(2) 회전체를 회전축에 수직인 평면으로 자른 단면의 경계는 항상 원이다. ( )

(3) 회전체를 회전축을 포함하는 평면으로 자른 단면은 모두 합동이다. ( )

(4) 회전체를 회전축에 수직인 평면으로 자르면 그 단면은 모두 합동이다. ( )

(5) 원기둥을 회전축에 수직인 평면으로 자른 단면의 경계는 원이다. ( )

(6) 원뿔을 회전축을 포함하는 평면으로 자를 때 생기는 단면의 모양은 정삼각형이다. ( )

(7) 원뿔대를 회전축을 포함하는 평면으로 자를 때 생기는 단면의 모양은 직사각형이다. ( )

(8) 구를 평면으로 자른 단면은 항상 원이다.
( )

회전체의 전개도

▶ 정답과 해설 16쪽

다음 회전체의 겨냥도와 전개도를 그리시오.

회전체	원기둥	원뿔	원뿔대	구
겨냥도	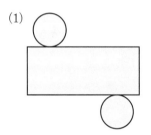 모선	모선	모선	
전개도	모선	모선	모선	구의 전개도는 그릴 수 없다.

◎ 익힘북 28쪽

1 다음 그림은 어떤 입체도형의 전개도인지 구하시오.

(1)
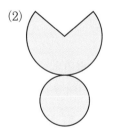

(2)

(3)
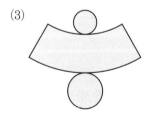

2 다음 그림과 같은 회전체의 전개도에서 a, b의 값을 각각 구하시오.

(1)
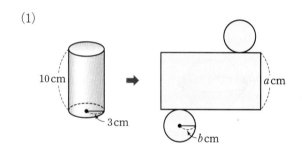

(2)
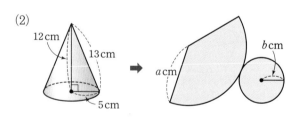

(3)
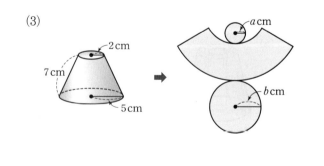

기둥의 겉넓이

▶정답과 해설 17쪽

다음 그림과 같은 삼각기둥의 겉넓이를 구하시오.

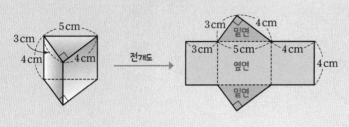

❶ (밑넓이)=$\frac{1}{2}\times3\times4=6(cm^2)$

❷ (옆넓이)=$(3+5+4)\times4=48(cm^2)$

❸ (겉넓이)=(밑넓이)$\times2+$(옆넓이)

　　　　　=$6\times2+48=60(cm^2)$

○익힘북 28쪽

1 다음 그림과 같은 삼각기둥의 겉넓이를 구하려고 한다. □ 안에 알맞은 수를 쓰시오.

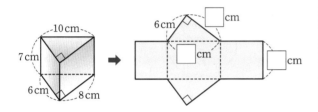

❶ (밑넓이)=$\frac{1}{2}\times6\times\boxed{}=\boxed{}(cm^2)$

❷ (옆넓이)=$(6+8+\boxed{})\times\boxed{}=\boxed{}(cm^2)$

❸ (겉넓이)=(밑넓이)$\times2+$(옆넓이)

　　　　　=$\boxed{}\times2+\boxed{}=\boxed{}(cm^2)$

3 다음 그림과 같은 사각기둥의 겉넓이를 구하려고 한다. □ 안에 알맞은 수를 쓰시오.

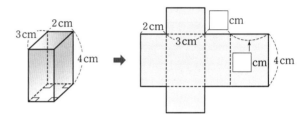

❶ (밑넓이)=$3\times\boxed{}=\boxed{}(cm^2)$

❷ (옆넓이)=$(2+3+2+\boxed{})\times\boxed{}$

　　　　　=$\boxed{}(cm^2)$

❸ (겉넓이)=(밑넓이)$\times2+$(옆넓이)

　　　　　=$\boxed{}\times2+\boxed{}=\boxed{}(cm^2)$

2 오른쪽 그림과 같은 삼각기둥에 대하여 다음을 구하시오.

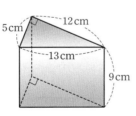

(1) 밑넓이　　　＿＿＿＿＿＿

(2) 옆넓이　　　＿＿＿＿＿＿

(3) 겉넓이　　　＿＿＿＿＿＿

4 오른쪽 그림과 같은 사각기둥에 대하여 다음을 구하시오.

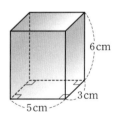

(1) 밑넓이　　　＿＿＿＿＿＿

(2) 옆넓이　　　＿＿＿＿＿＿

(3) 겉넓이　　　＿＿＿＿＿＿

5 다음 그림과 같은 원기둥의 겉넓이를 구하려고 한다. □ 안에 알맞은 수를 쓰시오.

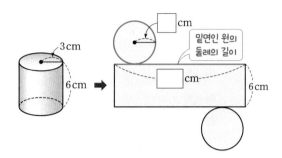

❶ (밑넓이)$=\pi \times \boxed{} = \boxed{}(\text{cm}^2)$

❷ (옆넓이)$=(2\pi \times \boxed{}) \times 6 = \boxed{}(\text{cm}^2)$

❸ (겉넓이)$=$(밑넓이)$\times 2 +$(옆넓이)
$= \boxed{} \times 2 + \boxed{} = \boxed{}(\text{cm}^2)$

6 오른쪽 그림과 같은 원기둥에 대하여 다음을 구하시오.

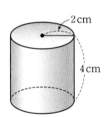

(1) 밑넓이 _____

(2) 옆넓이 _____

(3) 겉넓이 _____

7 다음 그림과 같은 기둥의 겉넓이를 구하시오.

(1)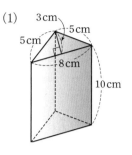

_____

(2)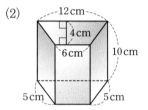

_____

(3)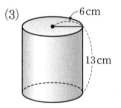

_____

(4)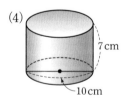

_____

9 기둥의 부피

▶ 정답과 해설 17쪽

다음 그림과 같은 삼각기둥의 부피를 구하시오.

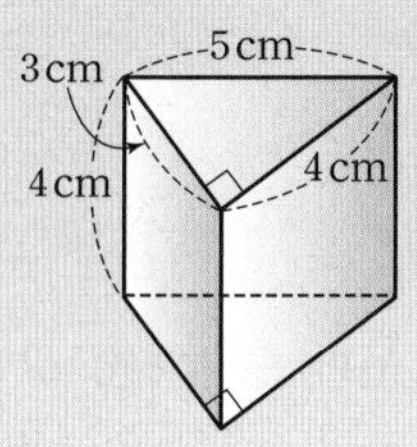

➊ (밑넓이)$=\frac{1}{2}\times3\times4=6(\text{cm}^2)$

➋ (높이)$=4$ cm

➌ (부피)=(밑넓이)×(높이)

$=6\times4=24(\text{cm}^3)$

익힘북 29쪽

1 오른쪽 그림과 같은 삼각기둥의 부피를 구하려고 한다. □ 안에 알맞은 수를 쓰시오.

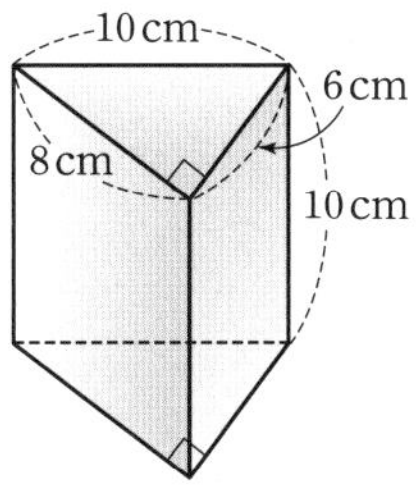

➊ (밑넓이)$=\frac{1}{2}\times\square\times6=\square(\text{cm}^2)$

➋ (높이)$=\square$ cm

➌ (부피)=(밑넓이)×(높이)

$=\square\times\square=\square(\text{cm}^3)$

2 오른쪽 그림과 같은 사각기둥에 대하여 다음을 구하시오.

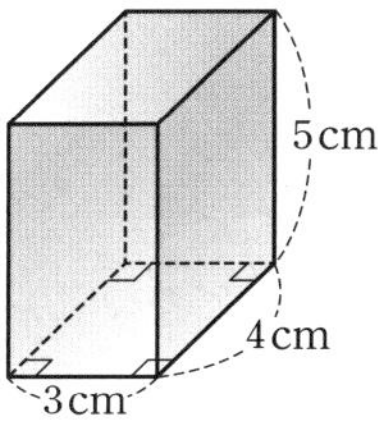

(1) 밑넓이 ____________

(2) 높이 ____________

(3) 부피 ____________

3 오른쪽 그림과 같은 원기둥의 부피를 구하려고 한다. □ 안에 알맞은 수를 쓰시오.

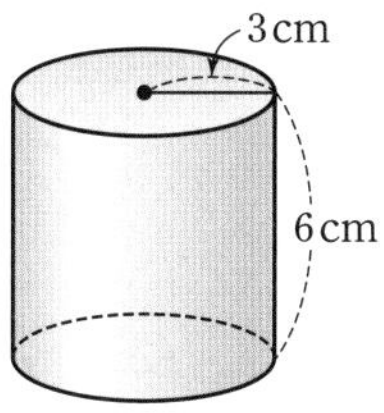

➊ (밑넓이)$=\pi\times\square=\square(\text{cm}^2)$

➋ (높이)$=\square$ cm

➌ (부피)=(밑넓이)×(높이)

$=\square\times\square=\square(\text{cm}^3)$

4 오른쪽 그림과 같은 원기둥에 대하여 다음을 구하시오.

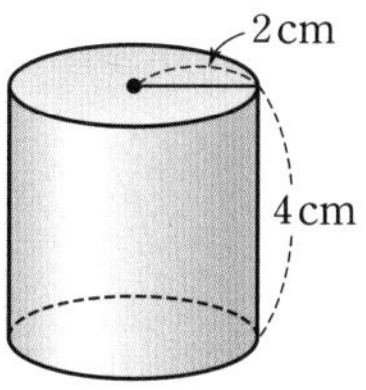

(1) 밑넓이 ____________

(2) 높이 ____________

(3) 부피 ____________

5 다음 그림과 같은 기둥의 부피를 구하시오.

(1)
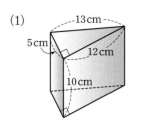

_____

(2)
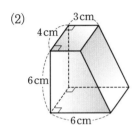

_____

(3)
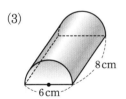

_____

6 오른쪽 그림과 같이 구멍이 뚫린 입체도형의 부피를 구하려고 한다. □ 안에 알맞은 수를 쓰시오.

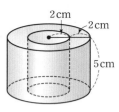

❶ (큰 원기둥의 부피)=$(\pi \times \boxed{}) \times 5$
  $= \boxed{}$ (cm³)
❷ (작은 원기둥의 부피)=$(\pi \times \boxed{}) \times 5$
  $= \boxed{}$ (cm³)
❸ (구멍이 뚫린 입체도형의 부피)
  $= \boxed{} - \boxed{} = \boxed{}$ (cm³)

7 오른쪽 그림과 같이 구멍이 뚫린 입체도형에 대하여 다음을 구하시오.

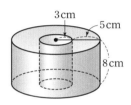

(1) 큰 원기둥의 부피 _____

(2) 작은 원기둥의 부피 _____

(3) 구멍이 뚫린 입체도형의 부피 _____

8 오른쪽 그림과 같이 구멍이 뚫린 입체도형의 부피를 구하시오.

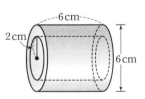

_____

조금 더⁺ **구멍이 뚫린 입체도형의 부피**

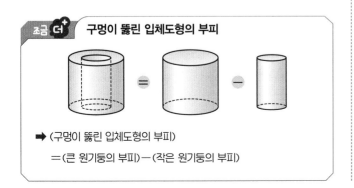

➡ (구멍이 뚫린 입체도형의 부피)
  =(큰 원기둥의 부피)-(작은 원기둥의 부피)

9 뿔의 겉넓이

▶ 정답과 해설 18쪽

다음 그림과 같이 밑면은 정사각형이고 옆면은 모두 합동인 사각뿔의 겉넓이를 구하시오.

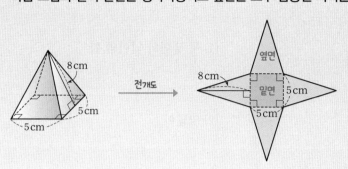

❶ (밑넓이)$=5×5=25(\text{cm}^2)$

옆면의 개수

❷ (옆넓이)$=\left(\dfrac{1}{2}×5×8\right)×4=80(\text{cm}^2)$

❸ (겉넓이)$=$(밑넓이)$+$(옆넓이)
$\qquad =25+80=105(\text{cm}^2)$

◎ 익힘북 29쪽

1

다음 그림과 같이 밑면은 정사각형이고 옆면은 모두 합동인 사각뿔의 겉넓이를 구하려고 한다. □ 안에 알맞은 수를 쓰시오.

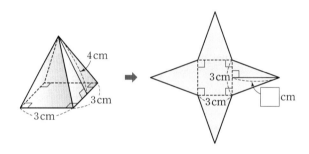

❶ (밑넓이)$=\boxed{}×\boxed{}=\boxed{}(\text{cm}^2)$

❷ (옆넓이)$=\left(\dfrac{1}{2}×3×\boxed{}\right)×4=\boxed{}(\text{cm}^2)$

❸ (겉넓이)$=$(밑넓이)$+$(옆넓이)
$\qquad =\boxed{}+\boxed{}=\boxed{}(\text{cm}^2)$

2

오른쪽 그림과 같이 밑면은 정사각형이고, 옆면은 모두 합동인 사각뿔에 대하여 다음을 구하시오.

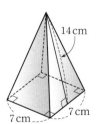

(1) 밑넓이 _____

(2) 옆넓이 _____

(3) 겉넓이 _____

3

다음 그림과 같은 원뿔의 겉넓이를 구하려고 한다. □ 안에 알맞은 수를 쓰시오.

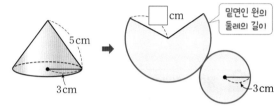

❶ (밑넓이)$=\pi×\boxed{}=\boxed{}(\text{cm}^2)$

❷ (옆넓이)$=\dfrac{1}{2}×\boxed{}×(2\pi×\boxed{})=\boxed{}(\text{cm}^2)$

❸ (겉넓이)$=$(밑넓이)$+$(옆넓이)
$\qquad =\boxed{}+\boxed{}=\boxed{}(\text{cm}^2)$

4

오른쪽 그림과 같은 원뿔에 대하여 다음을 구하시오.

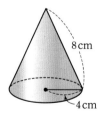

(1) 밑넓이 _____

(2) 옆넓이 _____

(3) 겉넓이 _____

5 다음 그림과 같은 뿔의 겉넓이를 구하시오.
(단, ⑴에서 옆면은 모두 합동이다.)

(1)
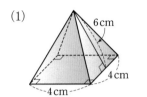
6 cm
4 cm
4 cm

_____

(2)
12 cm
6 cm

_____

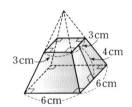

조금 더⁺ **뿔대의 겉넓이**

각뿔대

원뿔대

(옆넓이)＝(큰 부채꼴의 넓이)－(작은 부채꼴의 넓이)

➡ (뿔대의 겉넓이)＝(두 밑면의 넓이의 합)＋(옆넓이)

6 오른쪽 그림과 같이 두 밑면
은 모두 정사각형이고, 옆면
은 모두 합동인 사각뿔대에
대하여 다음을 구하시오.

3 cm
3 cm
4 cm
6 cm
6 cm

(1) 두 밑면의 넓이의 합

_____

(2) 옆넓이

_____

(3) 겉넓이

_____

7 오른쪽 그림과 같은 원뿔대에
대하여 다음을 구하시오.

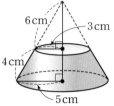
6 cm
3 cm
4 cm
5 cm

(1) 두 밑면의 넓이의 합

_____

(2) 옆넓이

_____

(3) 겉넓이

_____

8 다음 그림과 같은 뿔대의 겉넓이를 구하시오.
(단, ⑴에서 옆면은 모두 합동이다.)

(1)
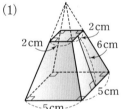
2 cm
2 cm
6 cm
5 cm
5 cm

_____

(2)
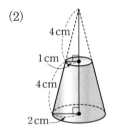
4 cm
1 cm
4 cm
2 cm

_____

뿔의 부피

▶ 정답과 해설 18쪽

다음 그림과 같은 사각뿔의 부피를 구하시오.

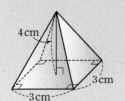

❶ (밑넓이)$=3 \times 3=9(\text{cm}^2)$

❷ (높이)$=4\,\text{cm}$

❸ (부피)$=\dfrac{1}{3} \times (\text{밑넓이}) \times (\text{높이})$

$\qquad =\dfrac{1}{3} \times 9 \times 4=12(\text{cm}^3)$

● 뿔의 부피 ●

아래의 뿔 모양의 그릇에 물을 가득 채운 후 밑면이 합동이고 높이가 같은 기둥 모양의 그릇에 옮겨 부으면 기둥 모양의 그릇을 세 번만에 가득 채울 수 있어!

➡ (뿔의 부피)$=\dfrac{1}{3} \times$ (기둥의 부피)

◎익힘북 30쪽

1 오른쪽 그림과 같은 사각뿔의 부피를 구하려고 한다. □ 안에 알맞은 수를 쓰시오.

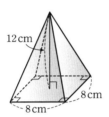

❶ (밑넓이)$=8 \times \boxed{} = \boxed{}(\text{cm}^2)$

❷ (높이)$=\boxed{}\,\text{cm}$

❸ (부피)$=\dfrac{1}{3} \times (\text{밑넓이}) \times (\text{높이})$

$\qquad =\dfrac{1}{3} \times \boxed{} \times \boxed{} = \boxed{}(\text{cm}^3)$

3 오른쪽 그림과 같은 원뿔의 부피를 구하려고 한다. □ 안에 알맞은 수를 쓰시오.

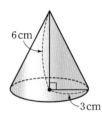

❶ (밑넓이)$=\pi \times \boxed{} = \boxed{}(\text{cm}^2)$

❷ (높이)$=\boxed{}\,\text{cm}$

❸ (부피)$=\dfrac{1}{3} \times (\text{밑넓이}) \times (\text{높이})$

$\qquad =\dfrac{1}{3} \times \boxed{} \times \boxed{} = \boxed{}(\text{cm}^3)$

2 오른쪽 그림과 같은 삼각뿔에 대하여 다음을 구하시오.

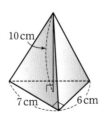

(1) 밑넓이 _____

(2) 높이 _____

(3) 부피 _____

4 오른쪽 그림과 같은 원뿔에 대하여 다음을 구하시오.

(1) 밑넓이 _____

(2) 높이 _____

(3) 부피 _____

5 다음 그림과 같은 뿔의 부피를 구하시오.

(1)
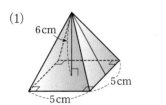

(2)
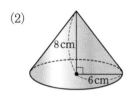

뿔대의 부피

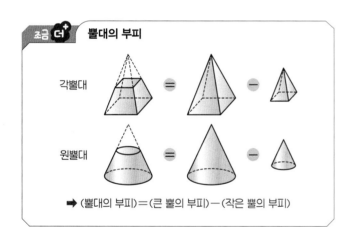

각뿔대

원뿔대

➡ (뿔대의 부피)＝(큰 뿔의 부피)－(작은 뿔의 부피)

6 오른쪽 그림과 같은 사각 뿔대에 대하여 다음을 구 하시오.

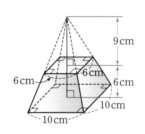

(1) 큰 뿔의 부피

(2) 작은 뿔의 부피

(3) 사각뿔대의 부피

7 오른쪽 그림과 같은 원뿔대에 대 하여 다음을 구하시오.

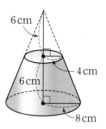

(1) 큰 뿔의 부피

(2) 작은 뿔의 부피

(3) 원뿔대의 부피

8 다음 그림과 같은 뿔대의 부피를 구하시오.

(1)
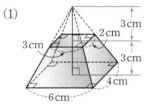

(2)
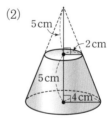

11 구의 겉넓이

▶ 정답과 해설 19쪽

다음 그림과 같은 구의 겉넓이를 구하시오.

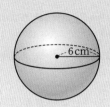

(겉넓이) = ④ $\pi \times 6^2 = 144\pi$ (cm²)

└ 반지름의 길이

● 구의 겉넓이 ●

구의 겉넓이는 반지름의 길이가 같은 원의 넓이의 4배이다.

➡ (구의 겉넓이) = $4\pi r^2$

○익힘북 31쪽

1 다음 그림과 같은 구의 겉넓이를 구하시오.

(1)

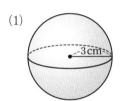

➡ (겉넓이) = $4\pi \times \boxed{} = \boxed{}$ (cm²)

(2)

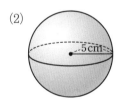

(3)

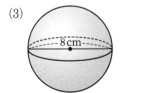

조금 더⁺ **반구의 겉넓이**

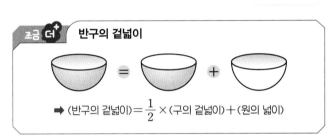

➡ (반구의 겉넓이) = $\dfrac{1}{2} \times$ (구의 겉넓이) + (원의 넓이)

2 다음 그림과 같은 반구의 겉넓이를 구하시오.

(1)

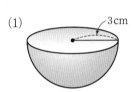

➡ (겉넓이) = $\dfrac{1}{2} \times (4\pi \times \boxed{}) + \pi \times \boxed{}$

　　　　　　　　구의 겉넓이　　　　원의 넓이

= $\boxed{}$ (cm²)

(2)

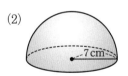

(3)

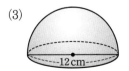

구의 부피

다음 그림과 같은 구의 부피를 구하시오.

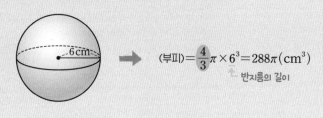

$$(부피) = \frac{4}{3}\pi \times 6^3 = 288\pi \,(\text{cm}^3)$$

↑ 반지름의 길이

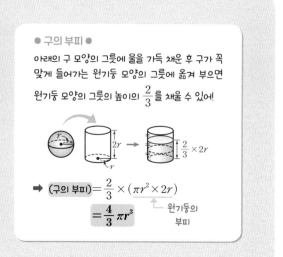

● 구의 부피 ●

아래의 구 모양의 그릇에 물을 가득 채운 후 구가 꼭 맞게 들어가는 원기둥 모양의 그릇에 옮겨 부으면 원기둥 모양의 그릇의 높이의 $\frac{2}{3}$를 채울 수 있어!

$$\Rightarrow (구의\ 부피) = \frac{2}{3} \times (\pi r^2 \times 2r)$$
$$= \frac{4}{3}\pi r^3$$

↑ 원기둥의 부피

1 다음 그림과 같은 구의 부피를 구하시오.

(1)

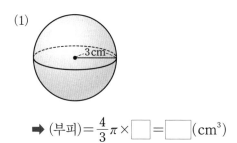

$$\Rightarrow (부피) = \frac{4}{3}\pi \times \boxed{} = \boxed{} \,(\text{cm}^3)$$

(2)

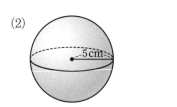

_____

(3)

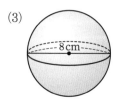

_____

2 다음 그림과 같은 반구의 부피를 구하시오.

(1)

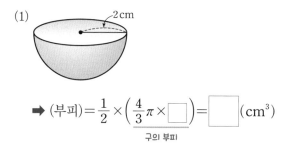

$$\Rightarrow (부피) = \frac{1}{2} \times \left(\frac{4}{3}\pi \times \boxed{} \right) = \boxed{} \,(\text{cm}^3)$$

구의 부피

(2)

_____

3 오른쪽 그림은 반지름의 길이가 8 cm인 구의 $\frac{1}{4}$을 잘라 내고 남은 입체도형이다. 이 입체도형의 부피를 구하시오.

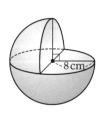

_____

1 아래 보기의 입체도형 중에서 다음을 만족시키는 것을 모두 고르시오.

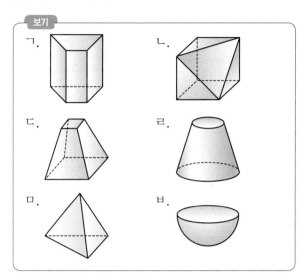

(1) 다면체 _____

(2) 육면체 _____

(3) 모서리의 개수가 12인 다면체 _____

(4) 꼭짓점의 개수가 4인 다면체 _____

2 다음 정다면체에 대한 설명 중 옳은 것은 ○표, 옳지 않은 것은 ×표를 ( ) 안에 쓰시오.

(1) 정다면체의 각 면은 모두 합동인 정다각형이다. ( )

(2) 정다면체의 한 면이 될 수 있는 다각형은 정삼각형, 정사각형, 정오각형이다. ( )

(3) 정다면체의 이름은 정다면체를 둘러싸고 있는 정다각형의 모양에 따라 결정된다. ( )

(4) 정다면체는 정사면체, 정육면체, 정팔면체, 정십이면체, 정이십면체의 다섯 가지뿐이다. ( )

3 아래 그림의 전개도로 만든 정다면체에 대하여 다음 물음에 답하시오.

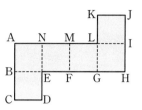

(1) 이 정다면체의 이름을 말하시오.

_____

(2) 점 D와 겹치는 점을 구하시오.

_____

(3) 면 LGHI와 평행한 면을 구하시오.

_____

4 다음 그림과 같은 평면도형을 직선 *l*을 회전축으로 하여 1회전 시킬 때 생기는 회전체의 겨냥도를 보기에서 고르시오.

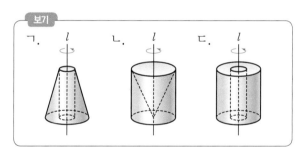

(1)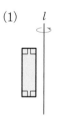

_____

(2)

_____

(3)

_____

5 다음 그림과 같은 회전체를 회전축에 수직인 평면과 회전축을 포함하는 평면으로 자를 때 생기는 단면의 모양을 각각 그리시오.

회전체	회전축에 수직인 평면으로 자른 단면의 경계	회전축을 포함하는 평면으로 자른 단면
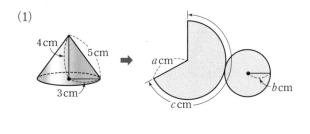		
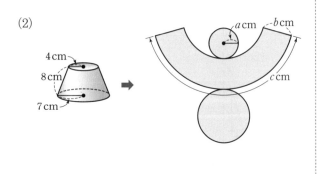		

6 다음 그림과 같은 회전체의 전개도에서 a, b, c의 값을 각각 구하시오.

(1)
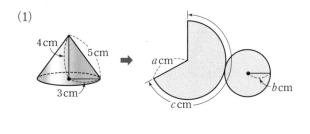
_____

(2)
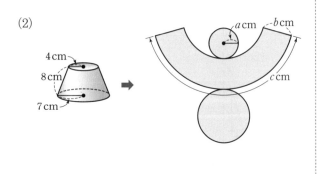
_____

7 다음 그림과 같은 기둥의 겉넓이와 부피를 각각 구하시오.

(1)
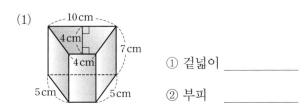
① 겉넓이 _____
② 부피 _____

(2)
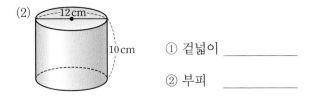
① 겉넓이 _____
② 부피 _____

8 다음 그림과 같은 입체도형의 부피를 구하시오.

(1)
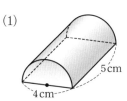
_____

(2)
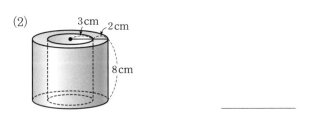
_____

9 다음 그림과 같은 뿔의 겉넓이와 부피를 각각 구하시오. (단, ⑴에서 옆면은 모두 합동이다.)

(1)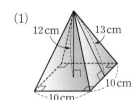

① 겉넓이 _____

② 부피 _____

(2)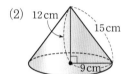

① 겉넓이 _____

② 부피 _____

10 다음 그림과 같은 뿔대의 겉넓이와 부피를 각각 구하시오. (단, ⑴에서 옆면은 모두 합동이다.)

(1)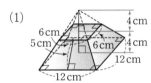

① 겉넓이 _____

② 부피 _____

(2)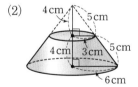

① 겉넓이 _____

② 부피 _____

11 다음 그림과 같은 입체도형의 겉넓이와 부피를 각각 구하시오.

(1)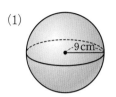

① 겉넓이 _____

② 부피 _____

(2)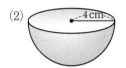

① 겉넓이 _____

② 부피 _____

12 다음 그림과 같은 입체도형의 부피를 각각 구하시오.

(1)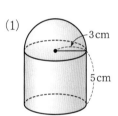

① 반구의 부피 _____

② 원기둥의 부피 _____

③ 입체도형의 부피 _____

(2)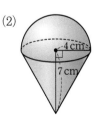

① 반구의 부피 _____

② 원뿔의 부피 _____

③ 입체도형의 부피 _____

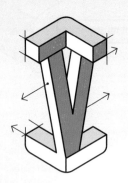

통계

V·1 자료의 정리와 해석

❶ 대푯값

(1) 대푯값

① 변량: 성적, 키 등과 같은 자료를 수량으로 나타낸 것

② 대푯값: 자료 전체의 중심 경향이나 특징을 대표적으로 나타내는 값

(2) 대푯값의 종류

① 평균: 변량의 총합을 변량의 개수로 나눈 값 $\longrightarrow$ (평균)$=\dfrac{(변량의 \ 총합)}{(변량의 \ 개수)}$

② 중앙값: 자료의 변량을 작은 값부터 크기순으로 나열했을 때, 한가운데 있는 값

➡ 변량의 개수가 <u>홀수</u>이면 <u>한가운데 있는 값</u>이 중앙값이고,

변량의 개수가 <u>짝수</u>이면 <u>한가운데 있는 두 값의 평균</u>이 중앙값이다.

③ 최빈값: 자료의 변량 중에서 <u>가장 많이 나타난 값</u>

> 참고 최빈값은 자료에 따라 2개 이상일 수도 있다.

❷ 줄기와 잎 그림

(1) 줄기와 잎 그림: 자료의 전체적인 분포 상태를 파악하기 위해 변량을 줄기와 잎으로 구분하여 나타낸 그림

> 주의 줄기는 중복되는 수를 한 번만 쓰고, 잎은 중복되는 수를 모두 쓴다.

예   〈자료〉   〈줄기와 잎 그림〉

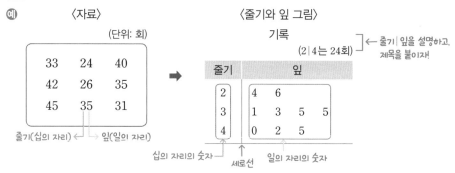

❸ 도수분포표

(1) 계급: 변량을 일정한 간격으로 나눈 구간

계급의 크기: 구간의 너비, 즉 <u>계급의 양 끝 값의 차</u>

(2) 도수: 각 계급에 속하는 변량의 개수

> 참고 계급, 계급의 크기, 도수는 항상 단위를 포함하여 쓴다.

(3) 도수분포표: 자료를 몇 개의 계급으로 나누고 각 계급의 도수를 나타낸 표

예   〈자료〉   〈도수분포표〉

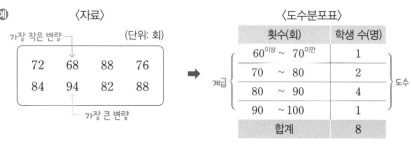

자료가 1, 3, 3, 4, 5, 8일 때

- (평균)$=\dfrac{1+3+3+4+5+8}{❶}=$ ❷

- (중앙값)$=$ ❸

- (최빈값)$=$ ❹

오른쪽 줄기와 잎 그림에서

- 줄기 ➡ 2, ❺ , ❻

- 줄기가 2인 잎의 개수 ➡ ❼ 개

- 잎이 가장 많은 줄기 ➡ ❽

오른쪽 도수분포표에서

- 계급의 크기 ➡ 70$-$ ❾ $=$ ❿ (점)

- 계급의 개수 ➡ ⓫

- 80회 이상 90회 미만인 계급의 도수
  ➡ ⓬ 명

❹ 히스토그램

(1) **히스토그램**: 도수분포표의 각 계급의 크기를 가로로, 그 계급의 도수를 세로로 하는 직사각형으로 나타낸 그래프

(2) **히스토그램의 특징**

    ① 자료의 전체적인 분포 상태를 한눈에 알아볼 수 있다.

    ② 각 직사각형의 넓이는 각 계급의 도수에 정비례한다. ──→ 각 직사각형의 가로의 길이가 일정하므로
        각 직사각형의 넓이는 각 계급의 도수에 정비례해.

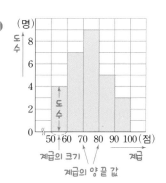

❺ 도수분포다각형

(1) **도수분포다각형**: 히스토그램에서 각 직사각형의 윗변의 중앙에 점을 찍어 선분으로 연결하여 나타낸 그래프

(2) **도수분포다각형의 특징**

    ① 자료의 전체적인 분포 상태를 한눈에 알아볼 수 있다.

    ② 두 개 이상의 자료의 분포를 함께 나타낼 수 있어 그 특징을 비교할 때 히스토그램보다 편리하다.

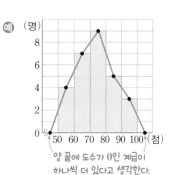

양 끝에 도수가 0인 계급이 하나씩 더 있다고 생각한다.

❻ 상대도수와 그 그래프

(1) **상대도수**: 도수분포표에서 도수의 총합에 대한 각 계급의 도수의 비율

$$\text{(어떤 계급의 상대도수)} = \frac{\text{(그 계급의 도수)}}{\text{(도수의 총합)}}$$
──→ 보통 소수로 나타내.

(2) **상대도수의 분포표**: 각 계급의 상대도수를 나타낸 표

(3) **상대도수의 특징**

    ① 각 계급의 상대도수는 0 이상 1 이하의 수이고, 그 총합은 항상 1이다.

    ② 각 계급의 상대도수는 그 계급의 도수에 정비례한다.

    ③ 도수의 총합이 다른 두 집단의 분포를 비교할 때 편리하다.

(4) **상대도수의 분포를 나타낸 그래프**

상대도수의 분포표를 히스토그램이나 도수분포다각형 모양으로 나타낸 그래프

예 〈상대도수의 분포표〉

몸무게(kg)	학생 수(명)	상대도수
45이상 ~ 50미만	3	$\frac{3}{20}=0.15$
50 ~ 55	6	$\frac{6}{20}=0.3$
55 ~ 60	7	$\frac{7}{20}=0.35$
60 ~ 65	4	$\frac{4}{20}=0.2$
합계	20	1

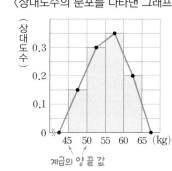

〈상대도수의 분포를 나타낸 그래프〉

개념
CHECK

왼쪽 히스토그램에서

• 계급의 크기 ➡ 60 − ⑬□ = ⑭□ (점)

• 계급의 개수 ➡ ⑮□ ←직사각형의 개수

• 80점 이상 90점 미만인 계급의 도수
    ➡ ⑯□ 명

왼쪽 도수분포다각형에서

• 계급의 개수
    ➡ ⑰□ ──→ 양 끝에 도수가 0인 계급은 제외

• 도수가 가장 큰 계급
    ➡ ⑱□ 점 이상 ⑲□ 점 미만

• 도수의 총합이 50인 도수분포표에서 어떤 계급의 도수가 9일 때

    (그 계급의 상대도수) = $\frac{⑳□}{50}$

    = ㉑□

정답

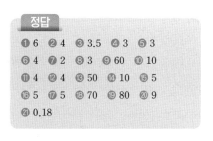

❶ 6 ❷ 4 ❸ 3.5 ❹ 3 ❺ 3
❻ 4 ❼ 2 ❽ 3 ❾ 60 ❿ 10
⓫ 4 ⓬ 4 ⓭ 50 ⓮ 10 ⓯ 5
⓰ 5 ⓱ 5 ⓲ 70 ⓳ 80 ⓴ 9
㉑ 0.18

중앙값

▶ 정답과 해설 21쪽

다음 자료의 중앙값을 구하시오.

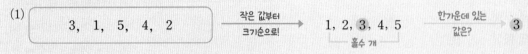

(1) 3, 1, 5, 4, 2 → 작은 값부터 크기순으로! → 1, 2, ③, 4, 5 (홀수 개) → 한가운데 있는 값은? → 3

(2) 9, 6, 8, 7, 11, 10 → 작은 값부터 크기순으로! → 6, 7, 8, 9, 10, 11 (짝수 개) → 한가운데 있는 두 값의 평균은? → $\dfrac{8+9}{2}=8.5$

○ 익힘북 32쪽

1 다음 자료의 중앙값을 구하시오.

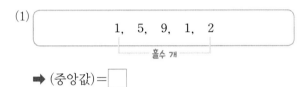

(1) 1, 5, 9, 1, 2 (홀수 개)

➡ (중앙값) = ☐

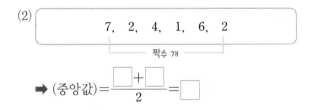

(2) 7, 2, 4, 1, 6, 2 (짝수 개)

➡ (중앙값) = $\dfrac{☐+☐}{2}=$ ☐

(3) 15, 20, 14, 13, 18

―――――

(4) 9, 4, 7, 3, 6, 8

―――――

(5) 4, 7, 4, 11, 3, 6, 9

―――――

(6) 10, 7, 7, 20, 15, 9, 15, 12

―――――

조금 더 ➕ 중앙값이 주어질 때, 변량 구하기

다음은 자료의 변량을 작은 값부터 크기순으로 나열한 것이다. 이 자료의 중앙값이 6일 때, x의 값은?

3, 5, x, 9

└→ 두 값의 평균이 6이야!

➡ (중앙값) = $\dfrac{5+x}{2}=6$이므로 $5+x=12$ ∴ $x=7$

2 다음은 자료의 변량을 작은 값부터 크기순으로 나열한 것이다. 이 자료의 중앙값이 [ ] 안의 수와 같을 때, x의 값을 구하시오.

(1) 2, x, 7, 18 [5]

―――――

(2) 1, 5, x, 12 [8]

―――――

(3) 3, 4, x, 13, 13, 16 [10]

―――――

최빈값

▶정답과 해설 21쪽

다음 자료의 최빈값을 구하시오.

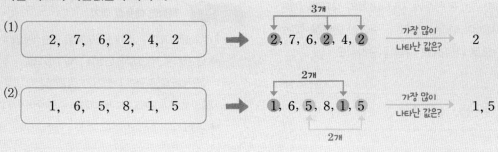

(1)

| 2, 7, 6, 2, 4, 2 | → | 3개
2, 7, 6, 2, 4, 2 | 가장 많이
나타난 값은? | 2 |

(2)

| 1, 6, 5, 8, 1, 5 | → | 2개
1, 6, 5, 8, 1, 5
2개 | 가장 많이
나타난 값은? | 1, 5 |

○익힘북 32쪽

1 다음 자료의 최빈값을 구하시오.

(1)

| 5, 8, 6, 8, 8, 9, 6 |

_____

(2)

| 44, 33, 66, 55, 77, 44, 55, 66 |

_____

(3)

| 90, 105, 100, 95, 95, 100, 110, 100 |

_____

(4)

| 소, 돼지, 닭, 소, 말, 토끼, 곰, 쥐 |

_____

2 다음 표는 예린이네 반 학생 20명의 혈액형을 조사하여 나타낸 것이다. 이 자료의 최빈값을 구하시오.

혈액형	A형	B형	AB형	O형
학생 수(명)	7	3	4	6

_____

3 다음 표는 승환이네 반 학생 30명이 사용하는 USB의 용량을 조사하여 나타낸 것이다. 이 자료의 최빈값을 구하시오.

용량(GB)	4	8	16	32
학생 수(명)	8	4	9	9

_____

4 다음 표는 어느 분식집에서 손님 52명이 주문한 음식을 조사하여 나타낸 것이다. 이 자료의 최빈값을 구하시오.

음식	떡볶이	순대	튀김	김밥	라면
손님 수(명)	13	10	14	8	7

_____

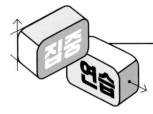

대푯값 구하기

▶ 정답과 해설 21쪽

1 아래 자료는 어느 농구 선수가 지난 10회의 경기에서 얻은 점수를 조사하여 나타낸 것이다. 주어진 변량을 작은 값부터 크기순으로 나열하고, 다음을 구하시오.

(단위: 점)

> 8, 24, 9, 17, 15, 20, 7, 17, 21, 12

⬇ 변량을 작은 값부터 크기순으로 나열하면

(단위: 점)

> 7, 8, _____

(1) 평균 _____

(2) 중앙값 _____

(3) 최빈값 _____

2 아래 자료는 어느 동호회 회원 11명의 나이를 조사하여 나타낸 것이다. 다음을 구하시오.

(단위: 세)

> 20, 27, 19, 31, 24, 14, 26, 30, 26, 16, 31

(1) 평균 _____

(2) 중앙값 _____

(3) 최빈값 _____

 적절한 대푯값 찾기

• 자료의 변량에 매우 크거나 매우 작은 극단적인 값이 있는 경우
➡ 평균은 극단적인 값에 영향을 많이 받으므로
   대푯값으로 평균보다 중앙값이 적절하다.
• 자료의 변량이 중복되어 나타나거나, 수로 주어지지 않은 경우
➡ 대푯값으로 최빈값이 적절하다.

3 다음 자료는 효섭이네 반 학생 7명이 보름 동안 인터넷을 사용한 시간을 조사하여 나타낸 것이다. 물음에 답하시오.

(단위: 시간)

> 9, 17, 11, 94, 19, 11, 14

(1) 평균을 구하시오. _____

(2) 중앙값을 구하시오. _____

(3) 평균과 중앙값 중에서 이 자료의 대푯값으로 어느 것이 적절한지 말하시오.

_____

4 다음 자료는 지은이의 친구 10명이 어느 해 설날에 받은 세뱃돈을 조사하여 나타낸 것이다. 가장 많은 친구들이 받은 금액으로 지은이의 세뱃돈을 정하려고 할 때, 평균, 중앙값, 최빈값 중에서 이 자료의 대푯값으로 가장 적절한 것을 말하고, 그 값을 구하시오.

(단위: 만 원)

> 5, 2, 3, 5, 5, 3, 10, 1, 5, 2

_____

3 줄기와 잎 그림

▶ 정답과 해설 22쪽

아래 줄기와 잎 그림은 어느 동호회 회원들의 나이를 조사하여 나타낸 것이다. 다음을 구하시오.

회원들의 나이

(1|7은 17세)

줄기	잎	
1	7 8 9	→ 3개
2	1 3 4 6 6 8 9	→ 7개
3	0 2 3 5 7	→ 5개

(1) 잎이 가장 많은 줄기: 2

(2) 전체 회원 수: 3+7+5=15 (변량의 개수)=(전체 잎의 개수)

(3) 나이가 32세 이상인 회원 수: 4 ← 32세, 33세, 35세, 37세의 4명

익힘북 34쪽

1 다음 자료는 수연이네 반 학생들의 1분 동안의 줄넘기 기록이다. 이 자료에 대한 줄기와 잎 그림을 완성하고, □ 안에 알맞은 수를 쓰시오.

(단위: 회)

27	30	15	44	13
37	36	29	23	41
32	23	21	19	35
22	14	14	42	26

⬇

줄넘기 기록

(1|3은 13회)

줄기	잎
1	3

(1) 줄기는 □의 자리의 숫자이고, 잎은 □의 자리의 숫자이다.

(2) 줄기가 1인 잎은 3, □, □, □, □이다.

(3) 잎의 개수는 총 □이므로 반 전체 학생 수는 □이다.

(4) 줄넘기 기록이 35회 이상인 학생은 35회, □회, □회, □회, □회, □회의 □명이다.

2 다음 줄기와 잎 그림은 도윤이네 반 학생들의 1분 동안의 윗몸일으키기 기록을 조사하여 나타낸 것이다. 물음에 답하시오.

윗몸일으키기 기록

(1|5는 15회)

줄기	잎
1	5 6 7 8 9 9
2	0 0 1 2 6
3	1 3 4 5 5 7 8
4	2 2 3

(1) 잎이 가장 적은 줄기를 구하시오.

______

(2) 반 전체 학생은 몇 명인지 구하시오.

______

(3) 윗몸일으키기를 가장 많이 한 학생과 가장 적게 한 학생의 기록의 차를 구하시오.

______

(4) 윗몸일으키기 기록이 20회 이상 34회 미만인 학생은 몇 명인지 구하시오.

______

도수분포표

▶정답과 해설 22쪽

아래 도수분포표는 민주네 반 학생들의 원반던지기 기록을 조사하여 나타낸 것이다. 다음을 구하시오.

계급 던지기 기록(m)	학생 수(명) 도수
$10^{이상} \sim 15^{미만}$	6
15 ~ 20	8
20 ~ 25	10
25 ~ 30	5
30 ~ 35	1
합계	30

(1) 계급의 개수: 5

(2) 계급의 크기: $15-10=20-15=\cdots=35-30=5(m)$ ◄ 계급의 양 끝 값의 차

(3) 도수가 가장 큰 계급: 20 m 이상 25 m 미만

(4) 기록이 25 m 이상인 학생 수: $5+1=6$ ◄ 25 m 이상 30 m 미만인 학생이 5명
30 m 이상 35 m 미만인 학생이 1명

○익힘북 35쪽

1 다음 자료는 지현이네 반 학생들의 하루 동안의 컴퓨터 사용 시간을 조사하여 나타낸 것이다. 이 자료에 대한 도수분포표를 완성하고, ☐ 안에 알맞은 수를 쓰시오.

(단위: 분)

5	30	15	60	80	60	40	95
85	20	65	50	10	45	90	35
55	75	70	20	25	15	60	85

↓

사용 시간(분)	학생 수(명)
$0^{이상} \sim 20^{미만}$	//// 4
20 ~ 40	
40 ~ 60	
60 ~ 80	
80 ~ 100	
합계	24

(1) 계급의 개수는 ☐이다.

(2) 계급의 크기는 ☐분이다.

(3) 도수가 가장 큰 계급은 도수가 ☐명인 ☐분 이상 ☐분 미만이다.

(4) 컴퓨터 사용 시간이 20분 이상 60분 미만인 학생은 ☐명이다.

2 다음 도수분포표는 어느 꽃 가게에서 한 달 동안 판매한 장미꽃의 개수를 조사하여 나타낸 것이다. 물음에 답하시오.

판매량(송이)	날 수(일)
$0^{이상} \sim 20^{미만}$	3
20 ~ 40	6
40 ~ 60	15
60 ~ 80	4
80 ~ 100	2
합계	30

(1) 계급의 크기를 구하시오.

(2) 판매량이 37송이인 날이 속하는 계급을 구하시오.

(3) 도수가 가장 작은 계급을 구하시오.

(4) 판매량이 40송이 이상 80송이 미만인 날은 며칠 인지 구하시오.

3 다음 도수분포표는 예솔이네 반 학생들의 하루 동안의 수면 시간을 조사하여 나타낸 것이다. A의 값을 구하시오.

수면 시간(시간)	학생 수(명)
$4^{이상} \sim 5^{미만}$	2
5 ~ 6	9
6 ~ 7	A
7 ~ 8	6
8 ~ 9	3
합계	30

> 도수의 총합이 30명임을 이용해

4 다음 도수분포표는 서호네 반 학생들의 키를 조사하여 나타낸 것이다. 물음에 답하시오.

키(cm)	학생 수(명)
$130^{이상} \sim 140^{미만}$	3
140 ~ 150	7
150 ~ 160	12
160 ~ 170	A
170 ~ 180	5
합계	40

(1) 계급의 크기를 구하시오.

(2) A의 값을 구하시오.

(3) 키가 160 cm 이상인 학생은 몇 명인지 구하시오.

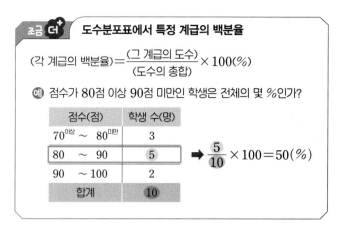

조금 더 **도수분포표에서 특정 계급의 백분율**

$$(각 계급의 백분율) = \frac{(그 계급의 도수)}{(도수의 총합)} \times 100(\%)$$

예 점수가 80점 이상 90점 미만인 학생은 전체의 몇 %인가?

점수(점)	학생 수(명)
$70^{이상} \sim 80^{미만}$	3
80 ~ 90	5
90 ~ 100	2
합계	10

➡ $\dfrac{5}{10} \times 100 = 50(\%)$

5 다음 도수분포표는 은지네 반 학생들의 1년 동안의 도서관 이용 횟수를 조사하여 나타낸 것이다. 물음에 답하시오.

이용 횟수(회)	학생 수(명)
$5^{이상} \sim 10^{미만}$	4
10 ~ 15	10
15 ~ 20	12
20 ~ 25	
25 ~ 30	8
30 ~ 35	7
합계	50

(1) 도서관 이용 횟수가 20회 이상 25회 미만인 학생은 몇 명인지 구하시오.

(2) 도서관 이용 횟수가 20회 이상 25회 미만인 학생은 전체의 몇 %인지 구하시오.

➡ $\dfrac{\square}{50} \times 100 = \square(\%)$

(3) 도서관 이용 횟수가 15회 미만인 학생은 몇 명인지 구하시오.

(4) 도서관 이용 횟수가 15회 미만인 학생은 전체의 몇 %인지 구하시오.

히스토그램

▶ 정답과 해설 22쪽

아래 히스토그램은 윤지네 반 학생들의 앉은키를 조사하여 나타낸 것이다. 다음을 구하시오.

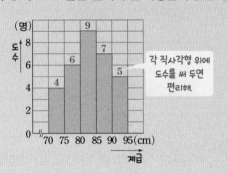

각 직사각형 위에 도수를 써 두면 편리해.

(1) 계급의 크기: 5 cm

(2) 계급의 개수: 5

(3) 도수가 가장 큰 계급: 80 cm 이상 85 cm 미만

(4) 반 전체 학생 수: 4+6+9+7+5=31

◐ 익힘북 36쪽

1 다음 도수분포표는 효진이네 반 학생들의 1분당 맥박 수를 조사하여 나타낸 것이다. 이 도수분포표를 히스토그램으로 나타내시오.

맥박 수(회)	학생 수(명)
$70^{이상}$ ~ $75^{미만}$	1
75 ~ 80	7
80 ~ 85	11
85 ~ 90	9
90 ~ 95	4
합계	32

↓

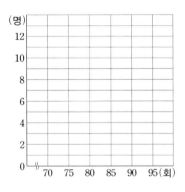

2 다음 히스토그램은 민호네 반 학생들의 수학 점수를 조사하여 나타낸 것이다. ☐ 안에 알맞은 수를 쓰시오.

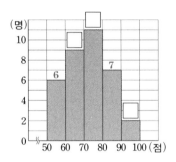

(1) 계급의 크기를 구하시오.
➡ ☐ 점

(2) 계급의 개수를 구하시오.
➡ ☐

(3) 도수가 가장 작은 계급을 구하시오.
➡ ☐ 점 이상 ☐ 점 미만

(4) 수학 점수가 80점 이상인 학생은 몇 명인지 구하시오.
➡ 7+☐=☐(명)

(5) 반 전체 학생은 몇 명인지 구하시오.
➡ 6+☐+☐+7+☐=☐(명)

3 다음 히스토그램은 수영이네 반 학생들이 한 달 동안 마신 물의 양을 조사하여 나타낸 것이다. 물음에 답하시오.

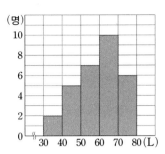

(1) 계급의 크기를 구하시오.

_____

(2) 마신 물의 양이 55 L인 학생이 속하는 계급을 구하시오.

_____

(3) 마신 물의 양이 60 L 이상인 학생은 몇 명인지 구하시오.

_____

(4) 반 전체 학생은 몇 명인지 구하시오.

_____

(5) 마신 물의 양이 40 L 이상 60 L 미만인 학생은 몇 명인지 구하시오.

_____

(6) 마신 물의 양이 40 L 이상 60 L 미만인 학생은 전체의 몇 %인지 구하시오.

_____

4 아래 히스토그램은 나래네 반 학생들의 일주일 동안의 운동 시간을 조사하여 나타낸 것이다. 다음 설명 중 옳은 것은 ○표, 옳지 <u>않은</u> 것은 ×표를 ( ) 안에 쓰시오.

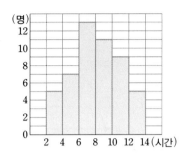

(1) 계급의 크기는 1시간이다. ( )

(2) 운동 시간이 6시간 이상 10시간 미만인 학생은 24명이다. ( )

(3) 반 전체 학생은 43명이다. ( )

(4) 운동 시간이 6시간 미만인 학생은 12명이다. ( )

(5) 운동 시간이 6시간 미만인 학생은 전체의 32 %이다. ( )

(6) 운동 시간이 8시간 이상 12시간 미만인 학생은 전체의 40 %이다. ( )

도수분포다각형

▶ 정답과 해설 23쪽

아래 도수분포다각형은 호진이네 반 학생들의 매달리기 기록을 조사하여 나타낸 것이다. 다음을 구하시오.

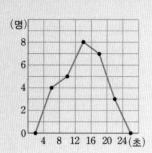

(1) 계급의 크기: 4초

(2) 계급의 개수: 5 ← 양 끝에 도수가 0인 계급은 세지 않도록 주의하자!

(3) 도수가 가장 큰 계급: 12 초 이상 16 초 미만

(4) 반 전체 학생 수: 4+5+8+7+3=27

○익힘북 37쪽

1 다음 도수분포표는 다민이네 반 학생들의 하루 동안의 수면 시간을 조사하여 나타낸 것이다. 이 표를 히스토그램과 도수분포다각형으로 각각 나타내시오.

수면 시간(시간)	학생 수(명)
4^{이상} ~ 5^{미만}	2
5 ~ 6	4
6 ~ 7	6
7 ~ 8	10
8 ~ 9	7
9 ~ 10	3
합계	32

⬇

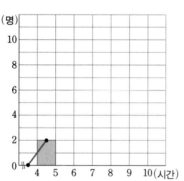

2 다음 도수분포다각형은 준수네 반 학생들의 사회 점수를 조사하여 나타낸 것이다. □ 안에 알맞은 수를 쓰시오.

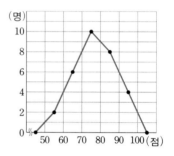

(1) 계급의 크기를 구하시오.
➡ ☐점

(2) 계급의 개수를 구하시오.
➡ ☐

(3) 도수가 가장 작은 계급을 구하시오.
➡ ☐점 이상 ☐점 미만

(4) 사회 점수가 70점 미만인 학생은 몇 명인지 구하시오.
➡ ☐+6=☐(명)

(5) 반 전체 학생은 몇 명인지 구하시오.
➡ 2+☐+10+☐+4=☐(명)

3 다음 도수분포다각형은 동훈이네 반 학생들이 자유투를 15회 던져 성공한 횟수를 조사하여 나타낸 것이다. 물음에 답하시오.

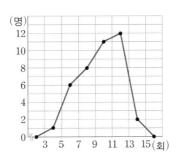

(1) 계급의 크기를 구하시오.

_____

(2) 계급의 개수를 구하시오.

_____

(3) 반 전체 학생은 몇 명인지 구하시오.

_____

(4) 도수가 가장 큰 계급에 속하는 학생은 몇 명인지 구하시오.

_____

(5) 자유투를 성공한 횟수가 5회 이상 9회 미만인 학생은 몇 명인지 구하시오.

_____

(6) 자유투를 성공한 횟수가 5회 이상 9회 미만인 학생은 전체의 몇 %인지 구하시오.

_____

4 아래 도수분포다각형은 어느 소극장에서 연극을 관람한 관람객의 나이를 조사하여 나타낸 것이다. 다음 설명 중 옳은 것은 ○표, 옳지 <u>않은</u> 것은 ×표를 ( ) 안에 쓰시오.

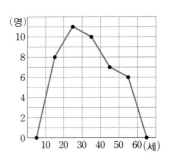

(1) 계급의 개수는 7이다. ( )

(2) 전체 관람객은 30명이다. ( )

(3) 나이가 50세 이상 60세 미만인 계급의 관람객 수가 가장 적다. ( )

(4) 나이가 35세인 관람객이 속하는 계급의 도수는 10명이다. ( )

(5) 나이가 40세 이상인 관람객은 11명이다. ( )

(6) 나이가 20세 이상 40세 미만인 관람객은 전체의 50%이다. ( )

상대도수

▶ 정답과 해설 23쪽

다음 상대도수의 분포표는 민서네 반 학생 20명의 과학 점수를 조사하여 나타낸 것이다. 각 계급의 상대도수를 구하여 표를 완성하시오.

과학 점수(점)	학생 수(명)	상대도수
$50^{이상} \sim 60^{미만}$	①	$\dfrac{1}{20}=0.05$
60 ~ 70	4	$\dfrac{4}{20}=0.2$
70 ~ 80	7	$\dfrac{7}{20}=0.35$
80 ~ 90	6	$\dfrac{6}{20}=0.3$
90 ~ 100	2	$\dfrac{2}{20}=0.1$
합계	20	1

각 계급의 상대도수는 각 계급의 도수에 정비례해.

상대도수의 총합은 항상 1임을 기억해.

기억하자

(어떤 계급의 상대도수)

$= \dfrac{(\text{그 계급의 도수})}{(\text{도수의 총합})}$

○ 익힘북 38쪽

1 다음 상대도수의 분포표는 지민이네 반 학생 20명의 하루 동안의 교육 방송 시청 시간을 조사하여 나타낸 것이다. 표를 완성하시오.

시청 시간(분)	학생 수(명)	상대도수
$0^{이상} \sim 30^{미만}$	1	$\dfrac{1}{20}=0.05$
30 ~ 60	5	
60 ~ 90	8	
90 ~ 120	4	
120 ~ 150	2	
합계	20	1

2 다음 상대도수의 분포표는 희수네 반 학생 40명의 양팔을 벌린 길이를 조사하여 나타낸 것이다. 표를 완성하시오.

길이(cm)	학생 수(명)	상대도수
$130^{이상} \sim 140^{미만}$	8	
140 ~ 150	10	
150 ~ 160	14	
160 ~ 170	6	
170 ~ 180	2	
합계	40	

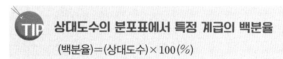

TIP 상대도수의 분포표에서 특정 계급의 백분율

$(\text{백분율})=(\text{상대도수})\times 100\,(\%)$

3 다음 상대도수의 분포표는 어느 지역의 일정 기간 동안의 최저 기온을 조사하여 나타낸 것이다. 물음에 답하시오.

최저 기온(℃)	상대도수
$17^{이상} \sim 19^{미만}$	0.15
19 ~ 21	0.2
21 ~ 23	0.3
23 ~ 25	0.25
25 ~ 27	0.1
합계	1

(1) 최저 기온이 21℃ 이상 23℃ 미만인 날은 전체의 몇 %인지 구하시오.

➡ ☐ × 100 = ☐ (%)

(2) 최저 기온이 23℃ 이상인 날은 전체의 몇 %인지 구하시오.

(3) 최저 기온이 19℃ 이상 23℃ 미만인 날은 전체의 몇 %인지 구하시오.

4 다음을 구하시오.

(1) 어떤 계급의 상대도수가 0.3이고 도수의 총합이 30일 때, 이 계급의 도수

➡ (계급의 도수) = 30 × □ = □

(2) 어떤 계급의 상대도수가 0.16이고 도수의 총합이 200일 때, 이 계급의 도수

———————

(3) 어떤 계급의 도수가 10이고 상대도수가 0.08일 때, 도수의 총합

➡ (도수의 총합) = $\dfrac{10}{□}$ = □.

(4) 어떤 계급의 도수가 15이고 상대도수가 0.05일 때, 도수의 총합

———————

5 다음 상대도수의 분포표는 어느 중학교 학생들이 여름 방학 동안 읽은 책의 수를 조사하여 나타낸 것이다. 표를 완성하시오.

읽은 책의 수(권)	학생 수(명)	상대도수
$0^{이상}$ ~ $2^{미만}$	10	0.1
2 ~ 4		0.24
4 ~ 6		0.32
6 ~ 8		0.2
8 ~ 10		0.14
합계		1

6 다음 상대도수의 분포표는 현빈이네 반 학생들의 놀이공원 입장 대기 시간을 조사하여 나타낸 것이다. 물음에 답하시오.

대기 시간(분)	학생 수(명)	상대도수
$10^{이상}$ ~ $15^{미만}$	5	0.1
15 ~ 20	8	C
20 ~ 25	A	0.2
25 ~ 30	7	0.14
30 ~ 35	16	D
35 ~ 40	4	0.08
합계	B	E

(1) B의 값을 구하시오.

➡ $B = \dfrac{5}{□}$ = □

(2) A의 값을 구하시오.

➡ $A = □ × 0.2 = □$

(3) C의 값을 구하시오.

➡ $C = \dfrac{8}{□}$ = □

(4) D의 값을 구하시오.

➡ $D = \dfrac{16}{□}$ = □

(5) E의 값을 구하시오.

———————

(6) 대기 시간이 20분 미만인 학생은 전체의 몇 %인지 구하시오.

———————

상대도수의 분포를 나타낸 그래프

▶ 정답과 해설 24쪽

다음 상대도수의 분포표는 우진이네 반 학생들의 체육 점수를 조사하여 나타낸 것이다. 이 표를 도수분포다각형 모양의 그래프로 나타내시오.

체육 점수(점)	상대도수
60^{이상} ~ 70^{미만}	0.2
70 ~ 80	0.35
80 ~ 90	0.3
90 ~ 100	0.15
합계	1

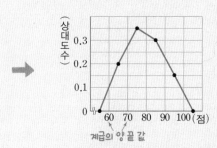

도수분포다각형과 같은 방법으로 그려!

계급의 양 끝 값

◑ 익힘북 39쪽

1 다음 상대도수의 분포표는 어느 콘서트를 관람한 관객의 나이를 조사하여 나타낸 것이다. 이 표를 도수분포다각형 모양의 그래프로 나타내시오.

관객의 나이(세)	상대도수
10^{이상} ~ 20^{미만}	0.1
20 ~ 30	0.3
30 ~ 40	0.4
40 ~ 50	0.15
50 ~ 60	0.05
합계	1

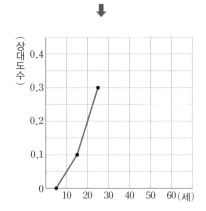

2 다음 상대도수의 분포표는 어느 기차역에서 기차의 연착 시간을 조사하여 나타낸 것이다. 이 표를 완성하고, 도수분포다각형 모양의 그래프로 나타내시오.

연착 시간(분)	도수(회)	상대도수
4^{이상} ~ 8^{미만}	4	0.08
8 ~ 12	8	
12 ~ 16	16	
16 ~ 20	12	
20 ~ 24	10	
합계	50	

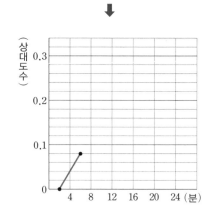

3 다음 그래프는 하나네 반 학생 50명의 한 학기 동안의 봉사 활동 시간에 대한 상대도수의 분포를 나타낸 것이다. □ 안에 알맞은 수를 쓰시오.

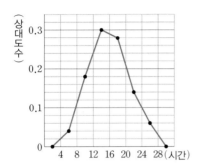

(1) 봉사 활동 시간이 4시간 이상 8시간 미만인 계급의 상대도수를 구하시오.

➡ ☐

(2) 봉사 활동 시간이 4시간 이상 8시간 미만인 계급의 도수를 구하시오.

➡ 50 × ☐ = ☐ (명)

(3) 상대도수가 가장 큰 계급의 도수를 구하시오.

➡ 50 × ☐ = ☐ (명)

(4) 봉사 활동 시간이 8시간 이상 16시간 미만인 학생은 전체의 몇 %인지 구하시오.

➡ ☐ × 100 = ☐ (%)

(5) 봉사 활동 시간이 20시간 이상인 학생은 몇 명인지 구하시오.

➡ 50 × ☐ = ☐ (명)

4 다음 그래프는 어느 중학교 학생 100명의 미술 실기 점수에 대한 상대도수의 분포를 나타낸 것이다. 물음에 답하시오.

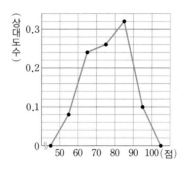

(1) 상대도수가 가장 작은 계급을 구하시오.

───────

(2) 상대도수가 가장 작은 계급의 도수를 구하시오.

───────

(3) 미술 실기 점수가 75점인 학생이 속하는 계급의 학생은 몇 명인지 구하시오.

───────

(4) 미술 실기 점수가 70점 미만인 학생은 전체의 몇 %인지 구하시오.

───────

(5) 미술 실기 점수가 80점 이상인 학생은 몇 명인지 구하시오.

───────

도수의 총합이 다른 두 집단의 분포 비교

▶ 정답과 해설 25쪽

오른쪽 그래프는 A반과 B반 학생들의 국사 점수에 대한 상대도수의 분포를 함께 나타낸 것이다. 다음 물음에 답하시오.

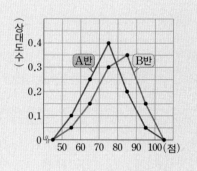

(1) A, B 두 반 중에서 국사 점수가 80점 이상 90점 미만인 학생의 비율은 어느 반이 더 높은가? **상대도수 비교!**

→ (A반의 상대도수)=0.2 < (B반의 상대도수)=0.35이므로 구하는 계급의 학생의 비율은 B반이 더 높다.

(2) A, B 두 반 중에서 국사 점수가 상대적으로 더 높은 반은 어느 곳인가? **오른쪽으로 갈수록 점수가 높음!**

→ B반에 대한 그래프가 A반에 대한 그래프보다 전체적으로 오른쪽으로 치우쳐 있으므로 국사 점수는 B반이 A반보다 상대적으로 더 높다고 할 수 있다.

○ 익힘북 40쪽

1 다음 표는 어느 박람회에 참가한 A 중학교와 B 중학교의 만족도를 조사하여 함께 나타낸 것이다. 물음에 답하시오.

만족도(점)	A 중학교		B 중학교	
	학생 수(명)	상대도수	학생 수(명)	상대도수
5이상 ~ 10미만	16	0.16	12	0.06
10 ~ 15	24		24	
15 ~ 20	32		48	
20 ~ 25	18		60	
25 ~ 30	10		56	
합계	100		200	

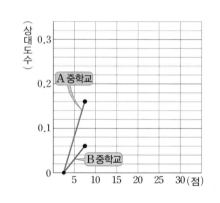

(1) 위의 표를 완성하고, 상대도수의 분포를 도수분포다각형 모양의 그래프로 나타내시오.

(2) A, B 두 중학교 중에서 만족도가 10점 이상 15점 미만인 학생의 비율이 더 높은 학교는 어느 곳인지 말하시오.
  ➡ 10점 이상 15점 미만인 계급의 상대도수는 A 중학교: [　], B 중학교: [　]　——————

(3) A, B 두 중학교 중에서 만족도가 20점 이상인 학생의 비율이 더 높은 학교는 어느 곳인지 말하시오.
  ➡ 20점 이상 25점 미만, 25점 이상 30점 미만인 계급의 상대도수의 합은 A 중학교: [　], B 중학교: [　]　——————

(4) A, B 두 중학교 중에서 만족도가 상대적으로 더 높은 학교는 어느 곳인지 말하시오.　——————

2 다음 그래프는 A 중학교 학생 200명과 B 중학교 학생 100명의 매달리기 기록에 대한 상대도수의 분포를 함께 나타낸 것이다. 물음에 답하시오.

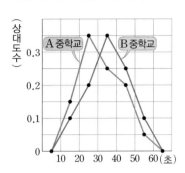

(1) A, B 두 중학교 중에서 기록이 10초 이상 20초 미만인 학생의 비율이 더 높은 학교는 어느 곳인지 말하시오.

_____

(2) A, B 두 중학교 중에서 기록이 40초 이상인 학생의 비율이 더 높은 학교는 어느 곳인지 말하시오.

_____

(3) A 중학교에서 기록이 20초 이상 30초 미만인 학생은 몇 명인지 구하시오.

_____

(4) B 중학교에서 기록이 30초 이상 40초 미만인 학생은 몇 명인지 구하시오.

_____

(5) A, B 두 중학교 중에서 기록이 상대적으로 더 좋은 학교는 어느 곳인지 말하시오.

_____

3 아래 그래프는 남학생 100명과 여학생 125명의 일주일 동안의 TV 시청 시간에 대한 상대도수의 분포를 함께 나타낸 것이다. 다음 설명 중 옳은 것은 ○표, 옳지 않은 것은 ×표를 ( ) 안에 쓰시오.

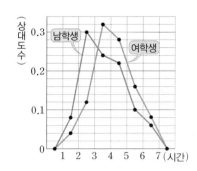

(1) 시청 시간이 4시간 이상 5시간 미만인 학생의 비율은 남학생이 더 높다. ( )

(2) 시청 시간이 3시간 미만인 학생의 비율은 여학생이 더 높다. ( )

(3) 시청 시간이 5시간 이상인 남학생은 남학생 전체의 24 %이다. ( )

(4) 시청 시간이 3시간 이상 4시간 미만인 남학생은 24명, 여학생은 40명이다. ( )

(5) 시청 시간은 여학생이 남학생보다 상대적으로 더 긴 편이다. ( )

1 다음 자료의 중앙값과 최빈값을 차례로 구하시오.

(1)

| 26, 11, 25, 9, 13, 4, 16, 29, 11 |

(2)

| 24, 12, 19, 17, 23, 19, 12, 19, 15, 10 |

2 다음 자료는 어느 도시의 6년 동안의 3월 강수량을 조사하여 나타낸 것이다. 물음에 답하시오.

(단위: mm)

| 26, 18, 35, 38, 37, 230 |

(1) 평균을 구하시오.

(2) 중앙값을 구하시오.

(3) 평균과 중앙값 중에서 이 자료의 대푯값으로 어느 것이 적절한지 말하시오.

3 다음 자료는 이송이네 반 학생 15명의 통학 시간을 조사하여 나타낸 것이다. 물음에 답하시오.

(단위: 분)

5	33	20	12	25
16	21	32	24	15
18	30	8	33	16

(1) 위의 자료에 대한 다음 줄기와 잎 그림을 완성하시오.

통학 시간

(0|5는 5분)

줄기	잎
0	5
1	
2	
3	

(2) 잎이 가장 많은 줄기를 구하시오.

(3) 통학 시간이 6번째로 긴 학생의 통학 시간을 구하시오.

4 아래 줄기와 잎 그림은 태훈이네 아파트에 사는 주민들의 나이를 조사하여 나타낸 것이다. 다음 설명 중 옳은 것은 ○표, 옳지 않은 것은 ×표를 (   ) 안에 쓰시오.

주민들의 나이

(1|10은 10세)

줄기	잎
1	0 1 3 5 6 7
2	1 3 4 4 9
3	3 5 6 7 7 8 8
4	0 1 2 4
5	2 7

(1) 조사한 전체 주민은 24명이다. (   )

(2) 나이가 가장 많은 주민의 나이는 52세이다. (   )

(3) 나이가 20세 미만인 주민은 5명이다. (   )

5 다음은 도수분포표에 대한 용어를 설명한 것이다. 보기에서 □ 안에 알맞은 것을 차례로 나열한 것을 고르시오.

> 변량을 일정한 간격으로 나눈 구간을 □, 계급의 양 끝 값의 차를 □(이)라고 한다. 그리고 각 계급에 속하는 변량의 개수를 그 계급의 □라고 한다.

보기
ㄱ. 변량, 계급, 계급의 크기
ㄴ. 변량, 계급의 크기, 도수
ㄷ. 계급, 변량, 계급의 크기
ㄹ. 계급, 계급의 크기, 도수

_____

6 다음 도수분포표는 진리네 반 학생들의 턱걸이 기록을 조사하여 나타낸 것이다. 물음에 답하시오.

턱걸이 기록(회)	학생 수(명)
0이상 ~ 2미만	7
2 ~ 4	12
4 ~ 6	10
6 ~ 8	5
8 ~ 10	4
10 ~ 12	2
합계	40

(1) 계급의 크기를 구하시오. _____

(2) 기록이 4회인 학생이 속하는 계급을 구하시오.

_____

(3) 기록이 4회 이상 8회 미만인 학생은 몇 명인지 구하시오.

_____

(4) 턱걸이 기록이 8회 이상인 학생은 전체의 몇 %인지 구하시오.

_____

7 다음 히스토그램은 대현이네 반 학생들의 몸무게를 조사하여 나타낸 것이다. 물음에 답하시오.

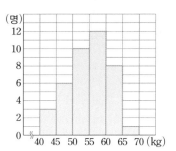

(1) 계급의 크기를 구하시오. _____

(2) 몸무게가 45 kg 이상 55 kg 미만인 학생은 몇 명인지 구하시오.

_____

(3) 반 전체 학생은 몇 명인지 구하시오.

_____

(4) 몸무게가 55 kg 이상 65 kg 미만인 학생은 전체의 몇 %인지 구하시오.

_____

8 다음 도수분포다각형은 지선이네 반 학생들의 한 달 용돈을 조사하여 나타낸 것이다. 물음에 답하시오.

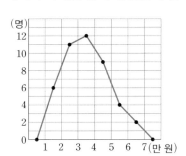

(1) 계급의 개수를 구하시오. _____

(2) 도수가 가장 큰 계급을 구하시오.

_____

(3) 한 달 용돈이 5만 원 이상인 학생은 몇 명인지 구하시오.

_____

(4) 한 달 용돈이 2만 원 이상 3만 원 미만인 학생은 전체의 몇 %인지 구하시오.

_____

9 수지네 반 학생들의 1분 동안의 영어 타자 수를 조사하여 나타낸 상대도수의 분포표에서 타자 수가 180 타 이상 200타 미만인 계급의 도수가 9명이고, 상대도수가 0.36이었다. 이때 반 전체 학생은 몇 명인지 구하시오.

_____

10 다음 표는 성국이네 반 학생들의 발 크기를 조사하여 나타낸 것이다. 물음에 답하시오.

발 크기(mm)	학생 수(명)	상대도수
220^{이상} ~ 230^{미만}	2	0.08
230 ~ 240	A	0.28
240 ~ 250	11	B
250 ~ 260	4	0.16
260 ~ 270	1	0.04
합계	C	1

(1) A, B, C의 값을 각각 구하시오.

_____

(2) 도수가 가장 큰 계급의 상대도수를 구하시오.

_____

(3) 발 크기가 250 mm 이상 270 mm 미만인 학생은 전체의 몇 %인지 구하시오.

_____

11 다음 그래프는 어느 농장에서 수확한 감자 50개의 무게에 대한 상대도수의 분포를 나타낸 것이다. 물음에 답하시오.

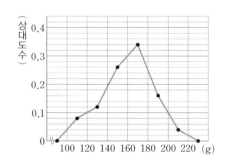

(1) 상대도수가 가장 작은 계급의 도수를 구하시오.

_____

(2) 무게가 115 g인 감자가 속하는 계급을 구하시오.

_____

(3) 무게가 120 g 이상 160 g 미만인 감자는 전체의 몇 %인지 구하시오.

_____

(4) 무게가 180 g 이상인 감자는 몇 개인지 구하시오.

_____

12 다음 그래프는 A 중학교 학생 200명과 B 중학교 학생 250명의 수학 시험 점수에 대한 상대도수의 분포를 함께 나타낸 것이다. 물음에 답하시오.

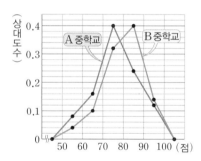

(1) A, B 두 중학교 중에서 점수가 70점 이상 90점 미만인 학생의 비율이 더 높은 학교는 어느 곳인지 말하시오.

_____

(2) A, B 두 중학교 중에서 점수가 70점 미만인 학생의 비율이 더 높은 학교는 어느 곳인지 말하시오.

_____

(3) A, B 두 중학교 중에서 수학 시험 점수가 상대적으로 더 높은 학교는 어느 곳인지 말하시오.

_____

정답과 해설

빠른 정답!

중학 수학

1·2

visang

정답과 해설

교과서
개념
잡기

중학 수학
1·2

기본 도형

1 교점과 교선
8쪽

1 (1) ① 8 ② 12 (2) ① 6 ② 9 (3) ① 5 ② 8
2 (1) ○ (2) ○ (3) × (4) × (5) ○ (6) ×

2 (3) 한 평면 위에 있는 도형은 평면도형이다.
  (4) 교점은 선과 선 또는 선과 면이 만나서 생긴다.
  (6) 한 입체도형에서 교점의 개수는 꼭짓점의 개수와 같다.

2 직선, 반직선, 선분
9쪽

1 그림은 풀이 참조 (1) = (2) = (3) ≠ (4) ≠ (5) =
2 (1) $\overleftrightarrow{AC}$ (2) $\overrightarrow{BA}$ (3) $\overrightarrow{CA}$ (4) $\overrightarrow{AB}$
3 $\overrightarrow{AB}$와 $\overrightarrow{BD}$, $\overrightarrow{BC}$와 $\overrightarrow{BD}$, $\overrightarrow{AB}$와 $\overrightarrow{AC}$, $\overrightarrow{CD}$와 $\overrightarrow{DC}$
4 (1) 무수히 많다. (2) 1

1 (1) $\overrightarrow{AB}$ A —— B —— C
  $\overrightarrow{BC}$ A —— B —— C

  (2) $\overline{AC}$ A —— B —— C
  $\overline{CA}$ A —— B —— C

  (3) $\overline{AB}$ A —— B —— C
  $\overline{BC}$ A —— B —— C

  (4) $\overrightarrow{BC}$ A —— B —— C
  $\overrightarrow{CB}$ A —— B —— C

  (5) $\overrightarrow{AB}$ A —— B —— C
  $\overrightarrow{AC}$ A —— B —— C

4 (1)

➡ 한 점을 지나는 직선은 무수히 많다.

(2)

➡ 서로 다른 두 점을 지나는 직선은 오직 하나뿐이다.

3 두 점 사이의 거리와 선분의 중점
10쪽

1 (1) $\frac{1}{2}$, 3 (2) 2, 2
2 (1) $\frac{1}{2}$, 6 (2) $\frac{1}{2}$, 3 (3) 2, 2, 2, 4
3 (1) 10 cm (2) 5 cm (3) 15 cm
4 (1) 2 cm (2) 4 cm (3) 8 cm (4) 6 cm

3 (1) $\overline{AM}=\frac{1}{2}\overline{AB}=\frac{1}{2}\times20=10(cm)$

  (2) $\overline{MN}=\frac{1}{2}\overline{MB}=\frac{1}{2}\overline{AM}=\frac{1}{2}\times10=5(cm)$

  (3) $\overline{AN}=\overline{AM}+\overline{MN}=10+5=15(cm)$

4 (1) $\overline{AN}=\overline{NM}=2\,cm$

  (2) $\overline{MB}=\overline{AM}=2\overline{NM}=2\times2=4(cm)$

  (3) $\overline{AB}=2\overline{MB}=2\times4=8(cm)$

  (4) $\overline{NB}=\overline{NM}+\overline{MB}=2+4=6(cm)$

4 각
11쪽

1 (1) ∠BAC, ∠CAB
  (2) ∠ABC, ∠CBA
  (3) ∠ACB, ∠BCA
2 (1) 직각 (2) 예각 (3) 둔각 (4) 평각 (5) 둔각
3 (1) 180°, 180°, 60° (2) 125° (3) 70°
  (4) 60° (5) 65°

3 (2) $\angle x+55°=180°$
    $\therefore \angle x=180°-55°=125°$
  (3) $40°+\angle x+70°=180°$
    $\therefore \angle x=180°-(40°+70°)=70°$
  (4) $\angle x+90°+30°=180°$
    $\therefore \angle x=180°-(90°+30°)=60°$
  (5) $90°+\angle x+25°=180°$
    $\therefore \angle x=180°-(90°+25°)=65°$

5 맞꼭지각
12쪽

1 (1) ∠EOD (또는 ∠DOE) (2) ∠COD (또는 ∠DOC)
  (3) ∠AOE (또는 ∠EOA) (4) ∠COA (또는 ∠AOC)
2 (1) ∠a=50°, ∠b=40° (2) ∠a=42°, ∠b=35°
  (3) ∠a=45°, ∠b=90°
3 (1) ∠x=80°, ∠y=100° (2) ∠x=70°, ∠y=55°
  (3) ∠x=25°, ∠y=65° (4) ∠x=35°, ∠y=65°

3 (1) ∠x=80°(맞꼭지각)
    ∠y+80°=180° ∴ ∠y=180°-80°=100°

(2) $\angle x = 70°$(맞꼭지각)
  $55° + \angle x + \angle y = 180°$이므로
  $55° + 70° + \angle y = 180°$
  $\therefore \angle y = 180° - (55° + 70°) = 55°$
(3) $\angle x + 90° + 65° = 180°$
  $\therefore \angle x = 180° - (90° + 65°) = 25°$
  $\angle y = 65°$(맞꼭지각)
(4) $\angle x + 80° = 115°$(맞꼭지각)
  $\therefore \angle x = 115° - 80° = 35°$
  $115° + \angle y = 180°$
  $\therefore \angle y = 180° - 115° = 65°$

⑥ 직교, 수직이등분선, 수선의 발　13쪽

1 (1) × (2) ○ (3) × (4) ○ (5) ○ (6) ○
2 (1) ① 점 C ② 4 cm　(2) ① 점 H ② 3 cm
　　(3) ① 점 C ② 6 cm

1 (1) $\overline{AB} \perp \overline{AD}$, $\overline{AB} \perp \overline{BC}$
　(3) $\overline{AD}$의 수선은 $\overline{AB}$이다.

2 (1) ② 점 C와 $\overline{AD}$ 사이의 거리는 $\overline{CD}$의 길이와 같으므로 4 cm 이다.
　(2) ② 점 A와 $\overline{BC}$ 사이의 거리는 $\overline{AH}$의 길이와 같으므로 3 cm 이다.
　(3) ② 점 A와 $\overline{BC}$ 사이의 거리는 $\overline{AB}$의 길이와 같으므로 6 cm 이다.

I·2 위치 관계

① 점과 직선의 위치 관계　14쪽

1 (1) 점 A, 점 B　(2) 점 C, 점 D
2 (1) × (2) ○ (3) × (4) × (5) ○ (6) ○
3 (1) 점 C, 점 D　(2) 점 A, 점 B

2 (1) 점 A는 직선 l 위에 있지 않다.
　(3) 점 C는 직선 l 위에 있다.
　(4) 직선 l은 점 B를 지난다.

⑧ 평면에서 두 직선의 위치 관계　15쪽

1 (1) $\overline{AD}$, $\overline{BC}$　(2) $\overline{AB}$, $\overline{DC}$　(3) $\overline{AD} /\!/ \overline{BC}$
2 (1) $\overline{AB}$, $\overline{DC}$　(2) $\overline{AD}$, $\overline{BC}$　(3) $\overline{AB} /\!/ \overline{DC}$
3 (1) ○ (2) × (3) × (4) ○ (5) ○

⑨ 공간에서 두 직선의 위치 관계　16쪽

1 (1) 평행하다. (2) 한 점에서 만난다.
　(3) 꼬인 위치에 있다. (4) 꼬인 위치에 있다.
2 (1) $\overline{AB}$, $\overline{AD}$, $\overline{EF}$, $\overline{EH}$　(2) $\overline{BF}$, $\overline{CG}$, $\overline{DH}$
　(3) $\overline{BC}$, $\overline{CD}$, $\overline{FG}$, $\overline{GH}$
3 (1) × (2) × (3) ○ (4) ○ (5) ○ (6) ×

3 (1) $\overleftrightarrow{AB} /\!/ \overleftrightarrow{GF}$
　(2) $\overleftrightarrow{BC}$와 $\overleftrightarrow{DI}$는 꼬인 위치에 있다.
　(6) 오른쪽 그림과 같이 $\overleftrightarrow{AB}$와 $\overleftrightarrow{CD}$는 한 점에서 만난다.

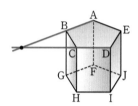

⑩ 공간에서 직선과 평면의 위치 관계　17쪽~18쪽

1 그림은 풀이 참조
　(1) $\overline{BC}$, $\overline{CD}$, $\overline{AD}$
　(2) $\overline{EF}$, $\overline{FG}$, $\overline{GH}$, $\overline{EH}$
　(3) $\overline{AE}$, $\overline{BF}$, $\overline{CG}$, $\overline{DH}$
2 (1) 면 BEFC　　(2) 면 ADEB
　(3) $\overline{AD}$, $\overline{BE}$, $\overline{CF}$　(4) $\overline{AB}$, $\overline{DE}$
3 (1) $\overline{AB}$, $\overline{BF}$, $\overline{EF}$, $\overline{AE}$　(2) $\overline{CD}$, $\overline{CG}$, $\overline{GH}$, $\overline{DH}$
　(3) $\overline{AD}$, $\overline{BC}$, $\overline{FG}$, $\overline{EH}$　(4) 면 BFGC, 면 CGHD
　(5) 면 AEHD, 면 ABFE　(6) 면 ABCD, 면 EFGH
　(7) 면 ABCD, 면 EFGH
4 (1) $\overline{AE}$, $\overline{AF}$, $\overline{FJ}$, $\overline{EJ}$　(2) $\overline{AF}$, $\overline{EJ}$, $\overline{DI}$
　(3) $\overline{AF}$, $\overline{BG}$, $\overline{CH}$, $\overline{DI}$, $\overline{EJ}$
　(4) 면 ABCDE, 면 ABGF
　(5) 면 BGHC, 면 AFJE
　(6) 면 ABCDE, 면 FGHIJ
　(7) 면 FGHIJ

1 (1)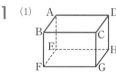
　(2)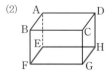
　(3)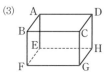

11 공간에서 두 평면의 위치 관계   19쪽

1 그림은 풀이 참조
  (1) 면 ABFE, 면 EFGH, 면 DCGH   (2) 면 BFGC
2 (1) 면 ADEB, 면 CFEB, 면 ADFC   (2) 면 DEF
3 (1) 면 ABFE, 면 BFGC, 면 CGHD, 면 AEHD
  (2) 면 EFGH   (3) 면 DCGH
  (4) 면 ABCD, 면 CGHD   (5) 면 ABFE, 면 BFGC

1 (1)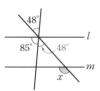

(2)

집중 **연습** **공간에서 여러 가지 위치 관계**   20쪽

1 (1) $\overline{DE}$ (2) $\overline{AC}$, $\overline{DF}$
  (3) $\overline{AD}$, $\overline{DE}$, $\overline{BE}$, $\overline{AB}$ (4) $\overline{AB}$, $\overline{BC}$, $\overline{AC}$
  (5) 면 ABC, 면 DEF   (6) 면 BEFC
  (7) 면 ABC
2 (1) $\overline{AD}$, $\overline{FG}$, $\overline{EH}$ (2) $\overline{CG}$, $\overline{DH}$, $\overline{FG}$, $\overline{EH}$
  (3) $\overline{AD}$, $\overline{BC}$, $\overline{FG}$, $\overline{EH}$ (4) 면 AEHD
3 (1) $\overline{AE}$, $\overline{CG}$, $\overline{EF}$, $\overline{FG}$, $\overline{GH}$, $\overline{EH}$ (2) $\overline{AE}$, $\overline{CG}$

---

12 동위각과 엇각   21쪽~22쪽

1 (1) $\angle e$ (2) $\angle g$ (3) $\angle b$ (4) $\angle d$
2 (1) $\angle f$ (2) $\angle e$ (3) $\angle c$ (4) $\angle d$
3 (1) 70°, 110° (2) 105° (3) e, 110° (4) f, 100°, 80°
4 (1) 115° (2) 75° (3) 65° (4) 75° (5) 105° (6) 115°

4 (3) $\angle b$의 동위각은 $\angle d$이므로
    $\angle d = 180° - 115° = 65°$
  (4) $\angle f$의 엇각은 $\angle b$이므로
    $\angle b = 75°$(맞꼭지각)
  (5) $\angle e$의 엇각은 $\angle a$이므로
    $\angle a = 180° - 75° = 105°$
  (6) $\angle c$의 동위각은 $\angle e$이므로
    $\angle e = 115°$(맞꼭지각)

---

13 평행선의 성질   23쪽~24쪽

1 (1) 63° (2) 125° (3) 75° (4) 112°
2 (1) 65°, 115° (2) 133° (3) 40°, 80° (4) 65°
3 (1) $\angle x = 60°$, $\angle y = 120°$ (2) $\angle x = 75°$, $\angle y = 105°$
  (3) $\angle x = 85°$, $\angle y = 45°$ (4) $\angle x = 75°$, $\angle y = 130°$
  (5) $\angle x = 55°$, $\angle y = 125°$ (6) $\angle x = 48°$, $\angle y = 132°$
4 50°, 95°
5 (1) 115° (2) 66° (3) 44°

2 (2) 오른쪽 그림에서 $l /\!/ m$이므로
    $\angle x = 85° + 48°$(동위각)
      $= 133°$

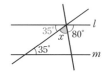

  (4) 오른쪽 그림에서 $l /\!/ m$이므로
    $35° + \angle x + 80° = 180°$
    $\therefore \angle x = 180° - (35° + 80°)$
        $= 65°$

3 (1) $l /\!/ m$이므로 $\angle x = 60°$(동위각)
    $\angle y + \angle x = 180°$이므로 $\angle y + 60° = 180°$
    $\therefore \angle y = 180° - 60° = 120°$
  (2) $l /\!/ m$이므로 $\angle y = 105°$(엇각)
    $\angle x + \angle y = 180°$이므로 $\angle x + 105° = 180°$
    $\therefore \angle x = 180° - 105° = 75°$
  (3) 오른쪽 그림에서 $l /\!/ m$이므로
    $\angle y = 45°$(엇각)
    $\angle x + \angle y = 130°$(동위각)이므로
    $\angle x + 45° = 130°$
    $\therefore \angle x = 130° - 45° = 85°$
  (4) 오른쪽 그림에서 $l /\!/ m$이므로
    $55° + \angle x + 50° = 180°$
    $\therefore \angle x = 180° - (55° + 50°)$
        $= 75°$
    $\angle y = 55° + \angle x$(엇각)이므로
    $\angle y = 55° + 75° = 130°$
  (5) 오른쪽 그림에서 $l /\!/ m$이므로
    $65° + \angle x = 120°$(동위각)
    $\therefore \angle x = 120° - 65° = 55°$
    $\angle y + \angle x = 180°$이므로
    $\angle y + 55° = 180°$
    $\therefore \angle y = 180° - 55° = 125°$
  (6) 오른쪽 그림에서 $l /\!/ m$이므로
    $70° + \angle x + 62° = 180°$
    $\therefore \angle x = 180° - (70° + 62°)$
        $= 48°$
    $\therefore \angle y = 62° + 70°$(동위각)
        $= 132°$

5 (1) 오른쪽 그림과 같이 $l /\!/ m /\!/ n$인
    직선 n을 그으면
    $\angle x = 40° + 75° = 115°$

(2) 오른쪽 그림과 같이 $l \parallel m \parallel n$인
직선 n을 그으면
$\angle x = 30° + 36° = 66°$

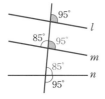

(3) 오른쪽 그림과 같이 $l \parallel m \parallel n$인
직선 n을 그으면
$42° + \angle x = 86°$
$\therefore \angle x = 86° - 42° = 44°$

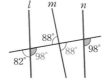

14 평행선이 되기 위한 조건

25쪽

1 (1) ○ (2) × (3) 120°, × (4) 70°, ○
2 (1) $l \parallel m$ (2) $l \parallel n$ (3) $l \parallel n$, $p \parallel q$

2 (1) 오른쪽 그림에서 두 직선 l, m은
동위각의 크기가 95°로 서로 같으므로
평행하다.
$\therefore l \parallel m$

(2) 오른쪽 그림에서 두 직선 l, n은
동위각의 크기가 98°로 서로 같으므로
평행하다.
$\therefore l \parallel n$

(3) 오른쪽 그림에서 두 직선 l, n은
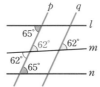
엇각의 크기가 65°로 서로 같으므로
평행하다.
$\therefore l \parallel n$
두 직선 p, q는 동위각의 크기가
62°로 서로 같으므로 평행하다.
$\therefore p \parallel q$

대단원 개념 마무리

26쪽~27쪽

1 (1) 12, 18 (2) 8, 12
2 (1) ○ (2) × (3) ○ (4) ×
3 (1) = (2) ≠ (3) = (4) =
4 (1) 18 cm (2) 24 cm
5 (1) 27°, 78°, 41° (2) 90° (3) 115°, 148° (4) 180°
6 (1) 75° (2) 15°
7 (1) $\angle x = 25°$, $\angle y = 110°$ (2) $\angle x = 85°$, $\angle y = 65°$
8 (1) 점 B (2) 4 cm (3) $\overline{AD}$, $\overline{BC}$ (4) $\overline{AD} \parallel \overline{BC}$
9 (1) 점 C, 점 E (2) 점 B, 점 D, 점 E
10 (1) $\overline{AE}$, $\overline{AF}$, $\overline{BC}$, $\overline{BG}$
    (2) $\overline{AE}$, $\overline{AB}$, $\overline{BC}$, $\overline{FJ}$, $\overline{FG}$, $\overline{GH}$
    (3) 면 ABCDE, 면 CHID (4) $\overline{AF}$, $\overline{EJ}$, $\overline{DI}$
    (5) 면 FGHIJ

11 (1) 100° (2) 80° (3) 85°
12 (1) $\angle x = 50°$, $\angle y = 118°$ (2) $\angle x = 70°$, $\angle y = 32°$
13 $l \parallel n$

2 (2) 선과 면이 만나면 교점이 생긴다.
  (4) 한 점을 지나는 직선은 무수히 많다.

4 (1) $\overline{AN} = \overline{AM} + \overline{MN} = \overline{MB} + \overline{MN}$
        $= 2\overline{MN} + \overline{MN} = 3\overline{MN} = 3 \times 6 = 18\,(cm)$
  (2) $\overline{AB} = \overline{AN} + \overline{NB} = \overline{AN} + \overline{MN}$
        $= 18 + 6 = 24\,(cm)$

6 (1) $60° + \angle x + 45° = 180°$
        $\therefore \angle x = 180° - (60° + 45°) = 75°$
  (2) $\angle x + 90° + 75° = 180°$
        $\therefore \angle x = 180° - (90° + 75°) = 15°$

7 (1) $\angle x = 25°$ (맞꼭지각)
        $\angle y + \angle x + 45° = 180°$이므로
        $\angle y + 25° + 45° = 180°$
        $\therefore \angle y = 180° - (25° + 45°) = 110°$
  (2) $65° + \angle x + 30° = 180°$
        $\therefore \angle x = 180° - (65° + 30°) = 85°$
        $\angle y = 65°$ (맞꼭지각)

8 (2) 점 D와 $\overline{BC}$ 사이의 거리는 $\overline{AB}$의 길이와 같으므로 4 cm이다.

10 (2) 모서리 DI와 꼬인 위치에 있는 모서리는 모서리 DI와 만나지
    도 않고 평행하지도 않은 모서리이므로 $\overline{AE}$, $\overline{AB}$, $\overline{BC}$, $\overline{FJ}$,
    $\overline{FG}$, $\overline{GH}$이다.

11 (1) $\angle d$의 동위각은 $\angle a$이므로 $\angle a = 100°$ (맞꼭지각)
   (2) $\angle f$의 동위각은 $\angle c$이므로 $\angle c = 180° - 100° = 80°$
   (3) $\angle b$의 엇각은 $\angle f$이므로 $\angle f = 85°$ (맞꼭지각)

12 (1) 오른쪽 그림에서 $l \parallel m$이므로
        $\angle x = 50°$ (엇각)
        $\angle y = 68° + 50° = 118°$ (동위각)

   (2) 오른쪽 그림과 같이 $l \parallel m \parallel n$인
        직선 n을 그으면
        $\angle x = 38° + 32° = 70°$
        $\angle y = 32°$ (맞꼭지각)

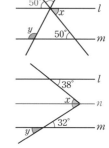

13 오른쪽 그림에서 두 직선 l, n은 동위각의
   크기가 100°로 서로 같으므로 평행하다.
   $\therefore l \parallel n$

작도와 합동

1 길이가 같은 선분의 작도
30쪽

1 (1) ○ (2) × (3) ○ (4) ×
2 눈금 없는 자, P, 컴퍼스, $\overline{AB}$
3 ㄷ
4 눈금 없는 자, 컴퍼스, B, $\overline{AB}$

1 (2) 선분의 길이를 잴 때는 컴퍼스를 사용한다.
   (4) 두 점을 이어 선분을 그릴 때는 눈금 없는 자를 사용한다.

2 크기가 같은 각의 작도
31쪽

1 A, B, C, $\overline{AB}$, ∠DPQ
2 (1) ㉡, ㉢, ㉣   (2) $\overline{AC}$, $\overline{PR}$
   (3) $\overline{QR}$ (4) ∠QPR

3 삼각형의 세 변의 길이 사이의 관계
32쪽

1 (1) 8 cm (2) 6 cm (3) 50° (4) 85° (5) 45°
2 (1) <, ○ (2) ○ (3) × (4) × (5) × (6) ○

1 (1) ∠B의 대변은 $\overline{AC}$이므로 $\overline{AC}$=8 cm
   (2) ∠C의 대변은 $\overline{AB}$이므로 $\overline{AB}$=6 cm
   (3) 변 AB의 대각은 ∠C이므로 ∠C=50°
   (4) 변 AC의 대각은 ∠B이므로 ∠B=85°
   (5) 변 BC의 대각은 ∠A이므로 ∠A=45°

2 (1) 7<3+5이므로 삼각형의 세 변의 길이가 될 수 있다.
   (2) 8<4+6이므로 삼각형의 세 변의 길이가 될 수 있다.
   (3) 7>1+4이므로 삼각형의 세 변의 길이가 될 수 없다.
   (4) 12=2+10이므로 삼각형의 세 변의 길이가 될 수 없다.
   (5) 14>5+7이므로 삼각형의 세 변의 길이가 될 수 없다.
   (6) 13<6+8이므로 삼각형의 세 변의 길이가 될 수 있다.

4 삼각형의 작도(1)
33쪽

1 $a, c, b,$ A   2 $\overline{AC}$ 3 풀이 참조

3 (예)

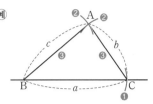

5 삼각형의 작도(2)
34쪽

1 B, a, B, c, A
2 $\overline{AB}$, $\overline{BC}$
3 풀이 참조

3 (예)

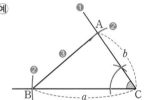

6 삼각형의 작도(3)
35쪽

1 a, C, A
2 $\overline{AB}$, ∠B, $\overline{BC}$
3 풀이 참조

3 (예)

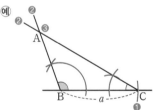

7 삼각형이 하나로 정해지는 경우
36쪽

1 (1) ○ (2) × (3) ○ (4) ○ (5) × (6) ○
2 (1) ○ (2) ○ (3) × (4) × (5) ○

1 (1) 세 변의 길이가 주어진 경우이고, $\overline{AB}<\overline{BC}+\overline{AC}$이므로
   △ABC가 하나로 정해진다.
   (2) 세 각의 크기가 주어지면 모양은 같고 크기가 다른 삼각형이
   무수히 많이 그려진다.
   (3) 두 변의 길이와 그 끼인각의 크기가 주어진 경우이므로
   △ABC가 하나로 정해진다.
   (4) 한 변의 길이와 그 양 끝 각의 크기가 주어진 경우이므로
   △ABC가 하나로 정해진다.

(5) ∠C는 $\overline{AB}$와 $\overline{BC}$의 끼인각이 아니므로 △ABC가 하나로 정해지지 않는다.

(6) ∠A와 ∠C의 크기가 주어졌으므로
∠B=180°−(80°+30°)=70°
따라서 $\overline{AB}$의 길이와 그 양 끝 각인 ∠A와 ∠B의 크기가 주어진 경우와 같으므로 △ABC가 하나로 정해진다.

2 (1) $\overline{AB}$와 $\overline{AC}$의 길이가 주어지면 세 변의 길이가 주어진 경우이므로 $\overline{AB}+\overline{AC}>\overline{BC}$이면 △ABC가 하나로 정해진다.

(2) ∠B와 ∠C가 주어지면 한 변의 길이와 그 양 끝 각의 크기가 주어진 경우이므로 △ABC가 하나로 정해진다.

(3) ∠A는 $\overline{BC}$와 $\overline{AC}$의 끼인각이 아니므로 △ABC가 하나로 정해지지 않는다.

(4) ∠C는 $\overline{BC}$와 $\overline{AB}$의 끼인각이 아니므로 △ABC가 하나로 정해지지 않는다.

(5) ∠A와 ∠B가 주어지면 ∠C=180°−(∠A+∠B)이다. 따라서 한 변의 길이와 그 양 끝 각의 크기가 주어진 경우와 같으므로 △ABC가 하나로 정해진다.

Ⅱ·2 **삼각형의 합동**

🎱 합동

37쪽~38쪽

1 (1) △FED   (2) △ABC, △IGH
(3) △DEF, △HIG
2 (1) 점 E   (2) 점 H   (3) $\overline{EH}$ (4) $\overline{FG}$ (5) ∠H   (6) ∠C
3 (1) 50°   (2) 30°   (3) 8 cm   (4) 6 cm
4 (1) 8 cm   (2) 6 cm   (3) 130°   (4) 70°
5 (1) ×   (2) ○   (3) ○   (4) ○   (5) ×   (6) ○
    (7) ○   (8) ×

3 (1) ∠A=∠D=50°
(2) ∠F=∠C=30°
(3) $\overline{AC}=\overline{DF}$=8 cm
(4) $\overline{EF}=\overline{BC}$=6 cm

4 (1) $\overline{BC}=\overline{FG}$=8 cm
(2) $\overline{EH}=\overline{AD}$=6 cm
(3) ∠D=∠H=130°
(4) ∠E=∠A=70°

5 (1) 두 도형 A와 B가 서로 합동이면 기호로 A≡B와 같이 나타낸다.
(5) 모양이 같아도 크기가 다르면 합동이 아니다.
(8) 두 직사각형이 다음과 같은 경우 넓이는 같지만 합동이 아니다.

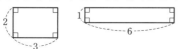

🎱 삼각형의 합동 조건

39쪽~40쪽

1 (1) $\overline{DE}$, $\overline{EF}$, $\overline{AC}$, SSS
(2) $\overline{DE}$, ∠D, $\overline{AC}$, SAS
(3) ∠D, $\overline{DF}$, ∠C, ASA
2 (1) △NMO, SSS
(2) △QPR, SAS
(3) △KJL, ASA
3 (1) ○   (2) ○   (3) ×   (4) ×   (5) ○   (6) ○
4 (1) △ABD≡△CDB   (2) SAS 합동

2 (1) △ABC와 △NMO에서
$\overline{AB}=\overline{NM}$, $\overline{BC}=\overline{MO}$, $\overline{AC}=\overline{NO}$
즉, 대응하는 세 변의 길이가 각각 같다.
➡ △ABC≡△NMO(SSS 합동)

(2) △DEF와 △QPR에서
$\overline{DE}=\overline{QP}$, $\overline{DF}=\overline{QR}$, ∠D=∠Q
즉, 대응하는 두 변의 길이가 각각 같고, 그 끼인각의 크기가 같다.
➡ △DEF≡△QPR(SAS 합동)

(3) △GHI와 △KJL에서
$\overline{HI}=\overline{JL}$, ∠H=∠J, ∠I=∠L
즉, 대응하는 한 변의 길이가 같고, 그 양 끝 각의 크기가 각각 같다.
➡ △GHI≡△KJL(ASA 합동)

3 (3) 대응하는 세 각의 크기가 각각 같다고 해서 △ABC와 △DEF가 서로 합동이라고 할 수 없다.

(4) 대응하는 두 변의 길이가 각각 같고, 그 끼인각이 아닌 다른 한 각의 크기가 같으므로 △ABC와 △DEF는 서로 합동이라고 할 수 없다.

(6) ∠A=∠D, ∠B=∠E이므로
∠C=180°−(∠A+∠B)
=180°−(∠D+∠E)=∠F
따라서 대응하는 한 변의 길이가 같고, 그 양 끝 각의 크기가 각각 같으므로 △ABC와 △DEF는 서로 합동이다.

4 (1), (2) △ABD와 △CDB에서
$\overline{AB}=\overline{CD}$, ∠ABD=∠CDB, $\overline{BD}$는 공통
∴ △ABD≡△CDB(SAS 합동)

대단원 **개념**마무리

41쪽

1 ㄴ, ㄷ
2 (1) ㉠, ㉣, ㉤   (2) $\overline{PC}$, $\overline{PD}$ (3) $\overline{CD}$ (4) ∠CPQ
3 (1) ○   (2) ×   (3) ○   (4) ×
4 (1) ○   (2) ×   (3) ○   (4) ○

5 (1) ×   (2) ○   (3) ○   (4) ×

6 △ABC≡△HIG(ASA 합동),
    △DEF≡△PRQ(SAS 합동),
    △JKL≡△MON(SSS 합동)

1 ㄱ. 두 선분의 길이를 비교할 때는 컴퍼스를 사용한다.
    ㄹ. 작도에서 각도기는 사용하지 않고, 주어진 각의 크기를 옮길 때는 눈금 없는 자와 컴퍼스를 사용한다.

3 (1) $9 < 3+8$이므로 삼각형의 세 변의 길이가 될 수 있다.
    (2) $11 > 5+5$이므로 삼각형의 세 변의 길이가 될 수 없다.
    (3) $14 < 6+10$이므로 삼각형의 세 변의 길이가 될 수 있다.
    (4) $15 = 7+8$이므로 삼각형의 세 변의 길이가 될 수 없다.

4 (1) 한 변인 $\overline{AB}$의 길이와 그 양 끝 각인 ∠A, ∠B의 크기가 주어졌으므로 △ABC를 하나로 작도할 수 있다.
    (2) ∠A는 $\overline{AB}$, $\overline{BC}$의 끼인각이 아니므로 △ABC를 하나로 작도할 수 없다.
    (3) 두 변인 $\overline{AC}$, $\overline{BC}$의 길이와 그 끼인각인 ∠C의 크기가 주어졌으므로 △ABC를 하나로 작도할 수 있다.
    (4) 세 변인 $\overline{AB}$, $\overline{BC}$, $\overline{AC}$의 길이가 주어지고 $\overline{AC} < \overline{AB} + \overline{BC}$이므로 △ABC를 하나로 작도할 수 있다.

5 (1) $16 > 4+10$이므로 △ABC가 하나로 정해지지 않는다.
    (3) ∠A와 ∠B의 크기가 주어졌으므로
        ∠C=$180°-(40°+100°)=40°$
    따라서 $\overline{AC}$의 길이와 그 양 끝 각인 ∠A, ∠C의 크기가 주어진 경우와 같으므로 △ABC가 하나로 정해진다.
    (4) 세 각의 크기가 주어지면 모양은 같고 크기가 다른 삼각형이 무수히 많이 그려진다.

6 △HIG에서 ∠G=$180°-(70°+65°)=45°$
    △ABC와 △HIG에서
    $\overline{BC}=\overline{IG}$, ∠B=∠I, ∠C=∠G
    즉, 대응하는 한 변의 길이가 같고, 그 양 끝 각의 크기가 각각 같다.
    ➡ △ABC≡△HIG(ASA 합동)
    △DEF와 △PRQ에서
    $\overline{DE}=\overline{PR}$, $\overline{EF}=\overline{RQ}$, ∠E=∠R
    즉, 대응하는 두 변의 길이가 각각 같고, 그 끼인각의 크기가 같다.
    ➡ △DEF≡△PRQ(SAS 합동)
    △JKL과 △MON에서
    $\overline{JK}=\overline{MO}$, $\overline{KL}=\overline{ON}$, $\overline{JL}=\overline{MN}$
    즉, 대응하는 세 변의 길이가 각각 같다.
    ➡ △JKL≡△MON(SSS 합동)

 평면도형

Ⅲ·1 다각형

다각형   44쪽

1 (1) ○   (2) ×   (3) ×   (4) ○
2 풀이 참조
3 (1) 112°   (2) 180°, 90°   (3) 72°   (4) 180°, 120°
    (5) 110°

1 (2) 반원의 일부는 곡선이므로 다각형이 아니다.
    (3) 선분으로 둘러싸여 있지 않으므로 다각형이 아니다.

2 (1)
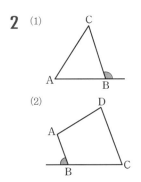
    (2)

3 (3) ∠D의 내각의 크기가 108°이므로
        $108° + (∠D의 \ 외각의 \ 크기) = 180°$
        ∴ (∠D의 외각의 크기)=$180°-108°=72°$
    (5) ∠E의 외각의 크기가 70°이므로
        (∠E의 내각의 크기)+70°=180°
        ∴ (∠E의 내각의 크기)=$180°-70°=110°$

삼각형의 내각   45쪽

1 (1) 180°, 180°, 180°, 50°   (2) 62°   (3) 25°
2 (1) 180°, 180°, 180°, 40°   (2) 50°   (3) 60°

1 (2) $48° + ∠x + 70° = 180°$
        ∴ ∠x=$180°-(48°+70°)=62°$
    (3) $65° + ∠x + 90° = 180°$
        ∴ ∠x=$180°-(65°+90°)=25°$

2 (2) $(30° + ∠x) + 30° + 70° = 180°$
        ∴ ∠x=$180°-(30°+30°+70°)=50°$
    (3) $35° + (∠x + 45°) + 40° = 180°$
        ∴ ∠x=$180°-(35°+45°+40°)=60°$

3 삼각형의 외각

46쪽

> **1** (1) 합, 55°, 80° (2) 150° (3) 50°
> **2** (1) 70°, 70°, 125° (2) 105° (3) 35°

1 (2) $\angle x = 90° + 60° = 150°$

(3) $\angle x + 70° = 120°$

$\therefore \angle x = 120° - 70° = 50°$

2 (1)
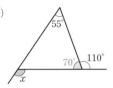

$\Rightarrow \angle x = 55° + 70° = 125°$

(2)
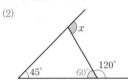

$\Rightarrow \angle x = 45° + 60° = 105°$

(3)
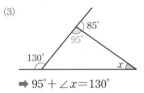

$\Rightarrow 95° + \angle x = 130°$

$\therefore \angle x = 130° - 95° = 35°$

4 다각형의 대각선의 개수

47쪽

> **1** (1) ① 3, 1 ② 1, 2, 2 (2) ① 5 ② 20
> **2** (1) 9, 9, 27 (2) 35 (3) 54 (4) 90
> **3** (1) 3, 3, 7, 칠각형 (2) 십각형
> (3) 십일각형

1 (1) ①
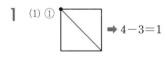

$\Rightarrow 4 - 3 = 1$

② $\dfrac{4 \times 1}{2} = 2$

(2) ①
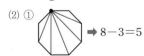

$\Rightarrow 8 - 3 = 5$

② $\dfrac{8 \times 5}{2} = 20$

2 (2) $\dfrac{10 \times (10-3)}{2} = 35$

(3) $\dfrac{12 \times (12-3)}{2} = 54$

(4) $\dfrac{15 \times (15-3)}{2} = 90$

3 (2) 구하는 다각형을 n각형이라고 하면

$\dfrac{n(n-3)}{2} = 35$, $n(n-3) = 70 = 10 \times 7$

$\therefore n = 10$

따라서 구하는 다각형은 십각형이다.

(3) 구하는 다각형을 n각형이라고 하면

$\dfrac{n(n-3)}{2} = 44$, $n(n-3) = 88 = 11 \times 8$

$\therefore n = 11$

따라서 구하는 다각형은 십일각형이다.

5 다각형의 내각의 크기의 합

48쪽~49쪽

> **1** (1) ① 2, 2 ② 2, 360° (2) ① 2, 4 ② 4, 720°
> (3) ① 5 ② 900° (4) ① 6 ② 1080°
> **2** (1) 1260° (2) 1620° (3) 2340° (4) 3240°
> **3** (1) 8, 10, 십각형 (2) 십이각형 (3) 십사각형
> **4** (1) 360°, 360°, 80° (2) 65° (3) 140°
> (4) 105°

1 (1) ①

$\Rightarrow 4 - 2 = 2$

② $180° \times 2 = 360°$

(2) ①

$\Rightarrow 6 - 2 = 4$

② $180° \times 4 = 720°$

(3) ①

$\Rightarrow 7 - 2 = 5$

② $180° \times 5 = 900°$

(4) ①
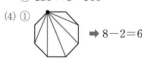

$\Rightarrow 8 - 2 = 6$

② $180° \times 6 = 1080°$

2 (1) $180° \times (9-2) = 1260°$

(2) $180° \times (11-2) = 1620°$

(3) $180° \times (15-2) = 2340°$

(4) $180° \times (20-2) = 3240°$

3 (2) 구하는 다각형을 n각형이라고 하면

$180° \times (n-2) = 1800°$

$n - 2 = 10$ $\therefore n = 12$

따라서 구하는 다각형은 십이각형이다.

(3) 구하는 다각형을 n각형이라고 하면

$180° \times (n-2) = 2160°$

$n - 2 = 12$ $\therefore n = 14$

따라서 구하는 다각형은 십사각형이다.

4 (2) 사각형의 내각의 크기의 합은

$180° \times (4-2) = 360°$이므로

$\angle x + 110° + 95° + 90° = 360°$

$\therefore \angle x = 360° - (110° + 95° + 90°)$

$= 360° - 295° = 65°$

(3) 오각형의 내각의 크기의 합은

$180° \times (5-2) = 540°$이므로

$120° + 85° + \angle x + 90° + 105° = 540°$

$\therefore \angle x = 540° - (120° + 85° + 90° + 105°)$

$= 540° - 400° = 140°$

(4) 육각형의 내각의 크기의 합은

$180° \times (6-2) = 720°$이므로

$140° + 110° + 120° + \angle x + 115° + 130° = 720°$

$\therefore \angle x = 720° - (140° + 110° + 120° + 115° + 130°)$

$= 720° - 615° = 105°$

6 다각형의 외각의 크기의 합

50쪽~51쪽

1 (1) $360°$ (2) $360°$ (3) $360°$ (4) $360°$

2 (1) $360°$, $360°$, $100°$ (2) $90°$ (3) $70°$

(4) $60°$ (5) $45°$ (6) $53°$

3 (1) $130°$, $130°$, $360°$, $125°$ (2) $50°$ (3) $70°$

(4) $80°$ (5) $105°$ (6) $105°$

2 (2) $150° + 120° + \angle x = 360°$

$\therefore \angle x = 360° - (150° + 120°)$

$= 360° - 270° = 90°$

(3) $100° + 80° + \angle x + 110° = 360°$

$\therefore \angle x = 360° - (100° + 80° + 110°)$

$= 360° - 290° = 70°$

(4) $80° + \angle x + 70° + 55° + 95° = 360°$

$\therefore \angle x = 360° - (80° + 70° + 55° + 95°)$

$= 360° - 300° = 60°$

(5) $70° + 105° + 75° + \angle x + 65° = 360°$

$\therefore \angle x = 360° - (70° + 105° + 75° + 65°)$

$= 360° - 315° = 45°$

(6) $60° + 50° + 75° + 60° + 62° + \angle x = 360°$

$\therefore \angle x = 360° - (60° + 50° + 75° + 60° + 62°)$

$= 360° - 307° = 53°$

3 (1)

$130° + \angle x + 105° = 360°$

$\therefore \angle x = 360° - (130° + 105°)$

$= 360° - 235° = 125°$

(2)

$85° + 120° + 105° + \angle x = 360°$

$\therefore \angle x = 360° - (85° + 120° + 105°)$

$= 360° - 310° = 50°$

(3)

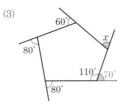

$60° + 80° + 80° + 70° + \angle x = 360°$

$\therefore \angle x = 360° - (60° + 80° + 80° + 70°)$

$= 360° - 290° = 70°$

(4)

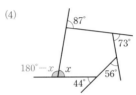

$87° + (180° - \angle x) + 44° + 56° + 73° = 360°$

$440° - \angle x = 360°$

$\therefore \angle x = 440° - 360° = 80°$

(5)

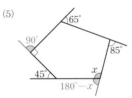

$65° + 90° + 45° + (180° - \angle x) + 85° = 360°$

$465° - \angle x = 360°$

$\therefore \angle x = 465° - 360° = 105°$

(6)

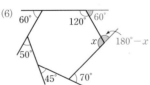

$60° + 50° + 45° + 70° + (180° - \angle x) + 60° = 360°$

$465° - \angle x = 360°$

$\therefore \angle x = 465° - 360° = 105°$

7 정다각형의 한 내각과 한 외각의 크기

52쪽

1 (1) 6, 6, $120°$ (2) $135°$ (3) $144°$

2 (1) $40°$, 9, 정구각형 (2) 정십이각형

3 (1) 6, $60°$ (2) $45°$ (3) $36°$

4 (1) 12, 정십이각형 (2) 정십팔각형

1 (2) $\dfrac{180° \times (8-2)}{8} = 135°$

(3) $\dfrac{180° \times (10-2)}{10} = 144°$

2 (2) 구하는 정다각형을 정n각형이라고 하면

$\dfrac{180° \times (n-2)}{n} = 150°$, $180° \times n - 360° = 150° \times n$

$30° \times n = 360$ ∴ $n = 12$

따라서 구하는 정다각형은 정십이각형이다.

3 (2) $\dfrac{360°}{8} = 45°$

(3) $\dfrac{360°}{10} = 36°$

4 (2) 구하는 정다각형을 정n각형이라고 하면

$\dfrac{360°}{n} = 20°$ ∴ $n = 18$

따라서 구하는 정다각형은 정십팔각형이다.

Ⅲ·2 원과 부채꼴

🔟 원과 부채꼴 53쪽

1 (1) ㄷ (2) ㄹ (3) ㄱ (4) ㅁ (5) ㄴ
2 (1) $\overarc{AB}$ (2) ∠BOC (3) ∠AOB
3 (1) ○ (2) ○ (3) × (4) ×

3 (3) 부채꼴은 호와 두 반지름으로 이루어진 도형이다.
(4) 활꼴은 현과 호로 이루어진 도형이다.

9️⃣ 부채꼴의 중심각의 크기와 호의 길이 54쪽

1 (1) 12 (2) 70
2 (1) 20°, 3 (2) 4 (3) 5 (4) 160 (5) 90

2 (1) $x : 21 = 20° : 140°$, $x : 21 = 1 : 7$

$7x = 21$ ∴ $x = 3$

(2) $x : 12 = 45° : 135°$, $x : 12 = 1 : 3$

$3x = 12$ ∴ $x = 4$

(3) $10 : x = 90° : 45°$, $10 : x = 2 : 1$

$2x = 10$ ∴ $x = 5$

(4) $3 : 6 = 80° : x°$, $1 : 2 = 80 : x$

∴ $x = 160$

(5) $4 : 12 = 30° : x°$, $1 : 3 = 30 : x$

∴ $x = 90$

🔟 부채꼴의 중심각의 크기와 넓이 55쪽

1 (1) 9 (2) 110
2 (1) 108°, 10 (2) 12 (3) 6 (4) 100 (5) 80

2 (1) $x : 30 = 36° : 108°$, $x : 30 = 1 : 3$

$3x = 30$ ∴ $x = 10$

(2) $36 : x = 90° : 30°$, $36 : x = 3 : 1$

$3x = 36$ ∴ $x = 12$

(3) $x : 24 = 40° : 160°$, $x : 24 = 1 : 4$

$4x = 24$ ∴ $x = 6$

(4) $6 : 15 = 40° : x°$, $2 : 5 = 40 : x$

$2x = 200$ ∴ $x = 100$

(5) $18 : 27 = x° : 120°$, $2 : 3 = x : 120$

$3x = 240$ ∴ $x = 80$

1️⃣1️⃣ 중심각의 크기와 현의 길이 56쪽

1 (1) 3 (2) 45
2 (1) = (2) = (3) = (4) < (5) =
3 (1) ○ (2) × (3) ○ (4) × (5) ○

3 (2) 중심각의 크기가 같은 두 부채꼴의 현의 길이는 같다.
(4) 현의 길이는 중심각의 크기에 정비례하지 않는다.

1️⃣2️⃣ 원의 둘레의 길이와 넓이 57쪽

1 (1) 6, 12π (2) 16π cm (3) 24π cm
2 (1) 3^2(또는 9), 9π (2) 49π cm^2 (3) 81π cm^2

1 (2) $l = 2\pi \times 8 = 16\pi$ (cm)
(3) 반지름의 길이가 12 cm이므로

$l = 2\pi \times 12 = 24\pi$ (cm)

2 (2) $S = \pi \times 7^2 = 49\pi$ (cm^2)
(3) 반지름의 길이가 9 cm이므로

$S = \pi \times 9^2 = 81\pi$ (cm^2)

1️⃣3️⃣ 부채꼴의 호의 길이와 넓이 58쪽~60쪽

1 (1) 4, 120, $\dfrac{8}{3}\pi$ (2) 2π cm (3) 4π cm
2 (1) 4^2(또는 16), 120, $\dfrac{16}{3}\pi$ (2) 6π cm^2 (3) 16π cm^2

3	(1) 9, 2π, 40, 40°	(2) 135°	
4	(1) 45, 4, 4 cm	(2) 12 cm	
5	(1) 6² (또는 36), 5π, 50, 50°	(2) 120°	
6	(1) 12π, 36, 6, 6 cm	(2) 4 cm	
7	(1) 8π, 24π	(2) 4π cm²	
	(3) 15π cm²	(4) 24π cm²	
8	(1) 2, 3π, 3π, 3π cm	(2) 4π cm	
9	(1) 5π, 10π, 4, 4 cm	(2) 5 cm	

1 (2) $l = 2\pi \times 6 \times \dfrac{60}{360} = 2\pi$ (cm)

(3) $l = 2\pi \times 8 \times \dfrac{90}{360} = 4\pi$ (cm)

2 (2) $S = \pi \times 6^2 \times \dfrac{60}{360} = 6\pi$ (cm²)

(3) $S = \pi \times 8^2 \times \dfrac{90}{360} = 16\pi$ (cm²)

3 (2) 부채꼴의 중심각의 크기를 $x°$라고 하면

$2\pi \times 12 \times \dfrac{x}{360} = 9\pi$ $\quad \therefore x = 135$

따라서 부채꼴의 중심각의 크기는 135°이다.

4 (2) 부채꼴의 반지름의 길이를 r cm라고 하면

$2\pi \times r \times \dfrac{150}{360} = 10\pi$ $\quad \therefore r = 12$

따라서 부채꼴의 반지름의 길이는 12 cm이다.

5 (2) 부채꼴의 중심각의 크기를 $x°$라고 하면

$\pi \times 9^2 \times \dfrac{x}{360} = 27\pi$ $\quad \therefore x = 120$

따라서 부채꼴의 중심각의 크기는 120°이다.

6 (2) 부채꼴의 반지름의 길이를 r cm라고 하면

$\pi \times r^2 \times \dfrac{90}{360} = 4\pi$, $r^2 = 16$

$\therefore r = 4$ ($\because r > 0$)

따라서 부채꼴의 반지름의 길이는 4 cm이다.

7 (2) $S = \dfrac{1}{2} \times 4 \times 2\pi = 4\pi$ (cm²)

(3) $S = \dfrac{1}{2} \times 5 \times 6\pi = 15\pi$ (cm²)

(4) $S = \dfrac{1}{2} \times 12 \times 4\pi = 24\pi$ (cm²)

8 (2) 부채꼴의 호의 길이를 l cm라고 하면

$\dfrac{1}{2} \times 6 \times l = 12\pi$ $\quad \therefore l = 4\pi$

따라서 부채꼴의 호의 길이는 4π cm이다.

9 (2) 부채꼴의 반지름의 길이를 r cm라고 하면

$\dfrac{1}{2} \times r \times 2\pi = 5\pi$ $\quad \therefore r = 5$

따라서 부채꼴의 반지름의 길이는 5 cm이다.

14 색칠한 부분의 둘레의 길이

61쪽

1	❶ 6, 120, 4π ❷ 3, 120, 2π ❸ 3, 6, 6π+6
2	$(5\pi + 6)$ cm
3	❶ 8, 90, 4π ❷ 4, 4π ❸ 8, 8π+8
4	$(4\pi + 4)$ cm

2 ❶ $2\pi \times 9 \times \dfrac{60}{360} = 3\pi$ (cm)

❷ $2\pi \times 6 \times \dfrac{60}{360} = 2\pi$ (cm)

❸ $3 \times 2 = 6$ (cm)

➡ (색칠한 부분의 둘레의 길이)

$= (5\pi + 6)$ cm

4 ❶ $2\pi \times 4 \times \dfrac{90}{360} = 2\pi$ (cm)

❷ $2\pi \times 2 \times \dfrac{1}{2} = 2\pi$ (cm)

❸ 4 cm

➡ (색칠한 부분의 둘레의 길이)

$= (4\pi + 4)$ cm

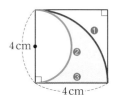

16 색칠한 부분의 넓이

62쪽

1	6² (또는 36), 120, 3² (또는 9), 120, 12π, 3π, 9π
2	$\dfrac{15}{2}\pi$ cm²
3	8² (또는 64), 90, 4² (또는 16), 16π, 8π, 8π
4	2π cm²

2 (색칠한 부분의 넓이)

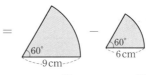

$= \pi \times 9^2 \times \dfrac{60}{360} - \pi \times 6^2 \times \dfrac{60}{360}$

$= \dfrac{27}{2}\pi - 6\pi = \dfrac{15}{2}\pi$ (cm²)

4 (색칠한 부분의 넓이)

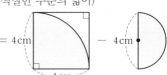

$= \pi \times 4^2 \times \dfrac{90}{360} - \pi \times 2^2 \times \dfrac{1}{2}$

$= 4\pi - 2\pi = 2\pi$ (cm²)

1 (1) $\left(\dfrac{15}{2}\pi+4\right)$ cm   (2) $\dfrac{15}{2}\pi$ cm²

2 (1) $(6\pi+6)$ cm   (2) $\dfrac{9}{2}\pi$ cm²

3 (1) ❶ 6, 90, 6π ❷ 6, 24, 6π+24
   (2) 6, 6²(또는 36), 90, 36−9π, 72−18π

4 (1) $(8\pi+32)$ cm   (2) $(128-32\pi)$ cm²

5 (1) ❶ 8, 16π ❷ 4, 16π, 32
   (2) 8²(또는 64), 4²(또는 16), 64π, 32π, 32π

6 (1) 8π cm   (2) 4π cm²

7 (1) ❶ 4, 4π ❷ 1, π ❸ 3, 3π, 8π
   (2) 4²(또는 16), 3²(또는 9), 1²(또는 1), 8π, $\dfrac{9}{2}\pi$, $\dfrac{1}{2}\pi$, 4π

8 (1) 8π cm   (2) 6π cm²

---

1 (1) ❶ $2\pi\times6\times\dfrac{135}{360}=\dfrac{9}{2}\pi$(cm)

   ❷ $2\pi\times4\times\dfrac{135}{360}=3\pi$(cm)

   ❸ $2\times2=4$(cm)

   ➡ (색칠한 부분의 둘레의 길이)

      $=\left(\dfrac{15}{2}\pi+4\right)$ cm

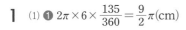

(2) (색칠한 부분의 넓이)

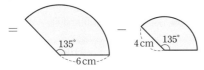

  $=\pi\times6^2\times\dfrac{135}{360}-\pi\times4^2\times\dfrac{135}{360}$

  $=\dfrac{27}{2}\pi-6\pi=\dfrac{15}{2}\pi$(cm²)

2 (1) ❶ $2\pi\times6\times\dfrac{90}{360}=3\pi$(cm)

   ❷ $2\pi\times3\times\dfrac{1}{2}=3\pi$(cm)

   ❸ 6 cm

   ➡ (색칠한 부분의 둘레의 길이)

      $=(6\pi+6)$ cm

(2) (색칠한 부분의 넓이)

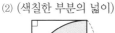

  $=\pi\times6^2\times\dfrac{90}{360}-\pi\times3^2\times\dfrac{1}{2}$

  $=9\pi-\dfrac{9}{2}\pi=\dfrac{9}{2}\pi$(cm²)

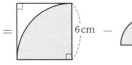

4 (1) ❶ $\left(2\pi\times8\times\dfrac{90}{360}\right)\times2=8\pi$(cm)

   ❷ $8\times4=32$(cm)

   ➡ (색칠한 부분의 둘레의 길이)

      $=(8\pi+32)$ cm

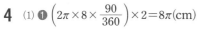
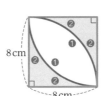

---

(2) (색칠한 부분의 넓이)

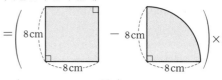

  $=\left(8\times8-\pi\times8^2\times\dfrac{90}{360}\right)\times2$

  $=(64-16\pi)\times2=128-32\pi$(cm²)

6 (1) ❶ $2\pi\times4\times\dfrac{1}{2}=4\pi$(cm)

   ❷ $\left(2\pi\times2\times\dfrac{1}{2}\right)\times2=4\pi$(cm)

   ➡ (색칠한 부분의 둘레의 길이)
      $=8\pi$ cm

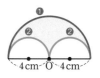

(2) (색칠한 부분의 넓이)

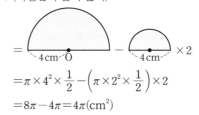

  $=\pi\times4^2\times\dfrac{1}{2}-\left(\pi\times2^2\times\dfrac{1}{2}\right)\times2$

  $=8\pi-4\pi=4\pi$(cm²)

8 (1) ❶ $2\pi\times4\times\dfrac{1}{2}=4\pi$(cm)

   ❷ $2\pi\times\dfrac{5}{2}\times\dfrac{1}{2}=\dfrac{5}{2}\pi$(cm)

   ❸ $2\pi\times\dfrac{3}{2}\times\dfrac{1}{2}=\dfrac{3}{2}\pi$(cm)

   ➡ (색칠한 부분의 둘레의 길이)$=8\pi$ cm

(2) (색칠한 부분의 넓이)

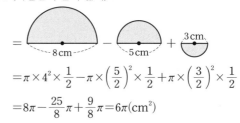

  $=\pi\times4^2\times\dfrac{1}{2}-\pi\times\left(\dfrac{5}{2}\right)^2\times\dfrac{1}{2}+\pi\times\left(\dfrac{3}{2}\right)^2\times\dfrac{1}{2}$

  $=8\pi-\dfrac{25}{8}\pi+\dfrac{9}{8}\pi=6\pi$(cm²)

대단원 개념 마무리   65쪽~67쪽

1 (1) 70°   (2) 125°   (3) 120°   (4) 85°

2 (1) 30°   (2) 50°

3 (1) 85°   (2) 165°

4 (1) 3, 9   (2) 11, 77   (3) 13, 104

5 (1) 육각형   (2) 십삼각형

6 (1) 110°   (2) 95°   (3) 50°   (4) 105°

7 (1) 108°, 72°   (2) 140°, 40°

8 (1) $\widehat{\text{AE}}$ (2) $\overline{\text{AD}}$ (3) ∠EOD   (4) 180°

9 (1) 10　　　(2) 100

10 (1) 18　　　(2) 24

11 (1) ○　　　(2) ○　　　(3) ×　　　(4) ○

12 (1) 10π cm, 25π cm^2　　　(2) $(4\pi+8)$ cm, 8π cm^2

13 (1) 3π cm, $\dfrac{27}{2}\pi$ cm^2　　　(2) 3π cm, 6π cm^2

14 (1) $72°$　　　(2) $160°$

15 (1) 15 cm　　　(2) 6 cm

16 (1) 14π cm^2　　　(2) 48π cm^2

17 (1) $(4\pi+8)$ cm　　　(2) 9π cm

18 (1) $(32-8\pi)$ cm^2 (2) $\dfrac{25}{2}\pi$ cm^2

1 (1) ∠A의 내각의 크기가 $110°$이므로
　　$110°+$(∠A의 외각의 크기)$=180°$
　　∴ (∠A의 외각의 크기)$=180°-110°=70°$
　(2) ∠B의 외각의 크기가 $55°$이므로
　　(∠B의 내각의 크기)$+55°=180°$
　　∴ (∠B의 내각의 크기)$=180°-55°=125°$
　(3) ∠D의 외각의 크기가 $60°$이므로
　　(∠D의 내각의 크기)$+60°=180°$
　　∴ (∠D의 내각의 크기)$=180°-60°=120°$
　(4) ∠E의 내각의 크기가 $95°$이므로
　　$95°+$(∠E의 외각의 크기)$=180°$
　　∴ (∠E의 외각의 크기)$=180°-95°=85°$

2 (1) $\angle x+35°+115°=180°$
　　∴ $\angle x=180°-(35°+115°)=30°$
　(2) $(65°+\angle x)+40°+25°=180°$
　　∴ $\angle x=180°-(65°+40°+25°)=50°$

3 (1) $70°+\angle x=155°$
　　∴ $\angle x=155°-70°=85°$
　(2)

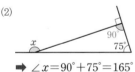

　➡ $\angle x=90°+75°=165°$

4 (1) 육각형의 한 꼭짓점에서 그을 수 있는 대각선의 개수는
　　$6-3=3$
　　육각형의 대각선의 개수는 $\dfrac{6\times3}{2}=9$
　(2) 십사각형의 한 꼭짓점에서 그을 수 있는 대각선의 개수는
　　$14-3=11$
　　십사각형의 대각선의 개수는 $\dfrac{14\times11}{2}=77$
　(3) 십육각형의 한 꼭짓점에서 그을 수 있는 대각선의 개수는
　　$16-3=13$
　　십육각형의 대각선의 개수는 $\dfrac{16\times13}{2}=104$

5 (1) 구하는 다각형을 n각형이라고 하면
　　$180°\times(n-2)=720°$
　　$n-2=4$ ∴ $n=6$
　　따라서 구하는 다각형은 육각형이다.

(2) 구하는 다각형을 n각형이라고 하면
　　$180°\times(n-2)=1980°$
　　$n-2=11$ ∴ $n=13$
　　따라서 구하는 다각형은 십삼각형이다.

6 (1) 오각형의 내각의 크기의 합은
　　$180°\times(5-2)=540°$이므로
　　$105°+95°+100°+130°+\angle x=540°$
　　∴ $\angle x=540°-(105°+95°+100°+130°)$
　　　　$=540°-430°=110°$
　(2) 육각형의 내각의 크기의 합은
　　$180°\times(6-2)=720°$이므로
　　$\angle x+120°+125°+110°+155°+115°=720°$
　　∴ $\angle x=720°-(120°+125°+110°+155°+115°)$
　　　　$=720°-625°=95°$
　(3) $\angle x+75°+85°+60°+90°=360°$
　　∴ $\angle x=360°-(75°+85°+60°+90°)$
　　　　$=360°-310°=50°$
　(4)

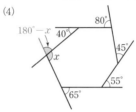

　　$80°+40°+(180°-\angle x)+65°+55°+45°=360°$
　　$465°-\angle x=360°$　　∴ $\angle x=465°-360°=105°$

7 (1) (한 내각의 크기)$=\dfrac{180°\times(5-2)}{5}=108°$
　　(한 외각의 크기)$=\dfrac{360°}{5}=72°$
　(2) (한 내각의 크기)$=\dfrac{180°\times(9-2)}{9}=140°$
　　(한 외각의 크기)$=\dfrac{360°}{9}=40°$

9 (1) $15:x=90°:60°$, $15:x=3:2$
　　$3x=30$　　∴ $x=10$
　(2) $12:9=x°:75°$, $4:3=x:75$
　　$3x=300$　　∴ $x=100$

10 (1) $54:x=135°:45°$, $54:x=3:1$
　　$3x=54$　　∴ $x=18$
　(2) $10:25=x°:60°$, $2:5=x:60$
　　$5x=120$　　∴ $x=24$

11 (3) 호의 길이는 중심각의 크기에 정비례한다.

12 (1) 반지름의 길이가 5cm이므로
　　(원의 둘레의 길이)$=2\pi\times5=10\pi$(cm)
　　(원의 넓이)$=\pi\times5^2=25\pi$(cm^2)
　(2) (반원의 둘레의 길이)$=2\pi\times4\times\dfrac{1}{2}+4\times2$
　　　　　　　　　　$=4\pi+8$(cm)
　　(반원의 넓이)$=\pi\times4^2\times\dfrac{1}{2}=8\pi$(cm^2)

13 (1) $l=2\pi\times9\times\dfrac{60}{360}=3\pi$(cm)
　　$S=\pi\times9^2\times\dfrac{60}{360}=\dfrac{27}{2}$(cm^2)

(2) $l = 2\pi \times 4 \times \dfrac{135}{360} = 3\pi\,(\mathrm{cm})$

$S = \pi \times 4^2 \times \dfrac{135}{360} = 6\pi\,(\mathrm{cm}^2)$

14 (1) 부채꼴의 중심각의 크기를 $x°$라고 하면

$2\pi \times 10 \times \dfrac{x}{360} = 4\pi \qquad \therefore x = 72$

따라서 부채꼴의 중심각의 크기는 72°이다.

(2) 부채꼴의 중심각의 크기를 $x°$라고 하면

$\pi \times 6^2 \times \dfrac{x}{360} = 16\pi \qquad \therefore x = 160$

따라서 부채꼴의 중심각의 크기는 160°이다.

15 (1) 부채꼴의 반지름의 길이를 $r\,\mathrm{cm}$라고 하면

$2\pi \times r \times \dfrac{108}{360} = 9\pi \qquad \therefore r = 15$

따라서 부채꼴의 반지름의 길이는 15 cm이다.

(2) 부채꼴의 반지름의 길이를 $r\,\mathrm{cm}$라고 하면

$\pi \times r^2 \times \dfrac{210}{360} = 21\pi,\ r^2 = 36$

$\therefore r = 6\ (\because r > 0)$

따라서 부채꼴의 반지름의 길이는 6 cm이다.

16 (1) $S = \dfrac{1}{2} \times 7 \times 4\pi = 14\pi\,(\mathrm{cm}^2)$

(2) $S = \dfrac{1}{2} \times 8 \times 12\pi = 48\pi\,(\mathrm{cm}^2)$

17 (1) ❶ $2\pi \times 7 \times \dfrac{72}{360} = \dfrac{14}{5}\pi\,(\mathrm{cm})$

❷ $2\pi \times 3 \times \dfrac{72}{360} = \dfrac{6}{5}\pi\,(\mathrm{cm})$

❸ $4 \times 2 = 8\,(\mathrm{cm})$

➡ (색칠한 부분의 둘레의 길이)
$= (4\pi + 8)\,\mathrm{cm}$

(2) ❶ $2\pi \times \dfrac{9}{2} \times \dfrac{1}{2} = \dfrac{9}{2}\pi\,(\mathrm{cm})$

❷ $2\pi \times \dfrac{3}{2} \times \dfrac{1}{2} = \dfrac{3}{2}\pi\,(\mathrm{cm})$

❸ $2\pi \times 3 \times \dfrac{1}{2} = 3\pi\,(\mathrm{cm})$

➡ (색칠한 부분의 둘레의 길이)
$= 9\pi\,\mathrm{cm}$

18 (1) (색칠한 부분의 넓이)

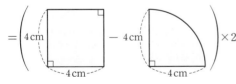

$= \left(4 \times 4 - \pi \times 4^2 \times \dfrac{90}{360}\right) \times 2 = 32 - 8\pi\,(\mathrm{cm}^2)$

(2) (색칠한 부분의 넓이)

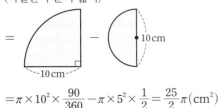

$= \pi \times 10^2 \times \dfrac{90}{360} - \pi \times 5^2 \times \dfrac{1}{2} = \dfrac{25}{2}\pi\,(\mathrm{cm}^2)$

입체도형

Ⅳ·1 다면체와 회전체

1 다면체

70쪽

1 풀이 참조
2 (1) ㄱ, ㄷ, ㄹ, ㅂ (2) ㄱ, ㅂ
   (3) ㄹ, ㅂ   (4) ㄷ

1

다면체			
면의 개수	5	4	6
몇 면체인가?	오면체	사면체	육면체
모서리의 개수	9	6	12
꼭짓점의 개수	6	4	8

2 (2) ㄱ. 면의 개수가 7 ➡ 칠면체
   ㄷ. 면의 개수가 5 ➡ 오면체
   ㄹ. 면의 개수가 6 ➡ 육면체
   ㅂ. 면의 개수가 7 ➡ 칠면체

(3) ㄱ. 모서리의 개수 ➡ 15
   ㄷ. 모서리의 개수 ➡ 8
   ㄹ. 모서리의 개수 ➡ 12
   ㅂ. 모서리의 개수 ➡ 12

(4) ㄱ. 꼭짓점의 개수 ➡ 10
   ㄷ. 꼭짓점의 개수 ➡ 5
   ㄹ. 꼭짓점의 개수 ➡ 8
   ㅂ. 꼭짓점의 개수 ➡ 7

2 다면체의 종류

71쪽

1 풀이 참조
2 (1) ㄱ, ㄷ, ㄹ, ㅂ (2) ㄱ, ㄴ, ㄷ
   (3) ㄷ, ㅂ   (4) ㄴ, ㅁ

1

다면체			
이름	오각기둥	오각뿔	오각뿔대
밑면의 개수	2	1	2
밑면의 모양	오각형	오각형	오각형
옆면의 모양	직사각형	삼각형	사다리꼴

2 (1) 밑면의 개수가 2인 다면체는 각기둥과 각뿔대이므로 ㄱ, ㄷ, ㄹ, ㅂ이다.

(3) 옆면의 모양이 직사각형이 아닌 사다리꼴인 다면체는 각뿔대이므로 ㄷ, ㅂ이다.

(4) 옆면의 모양이 삼각형인 다면체는 각뿔이므로 ㄴ, ㅁ이다.

③ 정다면체
72쪽~73쪽

1 (1) ○ (2) ○ (3) × (4) × (5) ○
2 (1) 정사면체, 정팔면체, 정이십면체   (2) 정육면체
(3) 정십이면체   (4) 정사면체, 정육면체, 정십이면체
3 풀이 참조
4 (1) × (2) × (3) ○ (4) ×
5 그림은 풀이 참조 (1) 점 E (2) 점 D (3) $\overline{\text{DE}}$
6 그림은 풀이 참조 (1) 점 I (2) $\overline{\text{IH}}$ (3) $\overline{\text{ED}}$ (또는 $\overline{\text{EF}}$)

1 (3) 정다면체는 정사면체, 정육면체, 정팔면체, 정십이면체, 정이십면체의 다섯 가지뿐이다.

(4) 정육각형의 한 내각의 크기는 120°이므로 한 꼭짓점에 모인 면의 개수가 3일 때, 그 꼭짓점에 모인 각의 크기가 360°가 되어 정다면체를 만들 수 없다.

3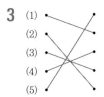

4 (1) 정다면체의 이름은 정육면체이다.
(2) 한 꼭짓점에 모인 면의 개수는 3이다.
(4) 모서리의 개수는 12이다.

5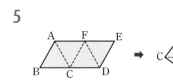

6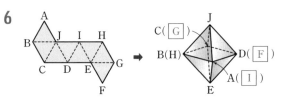

④ 회전체
74쪽~75쪽

1 (1) × (2) ○ (3) × (4) ○ (5) × (6) ○
2 풀이 참조
3 (1) × (2) ○ (3) ○ (4) ×

2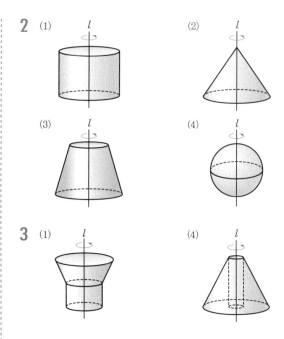

3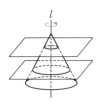

⑤ 회전체의 성질
76쪽~77쪽

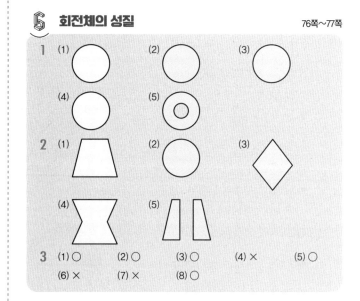

3 (1) ○ (2) ○ (3) ○ (4) × (5) ○
(6) × (7) × (8) ○

3 (4) 원뿔을 회전축에 수직인 평면으로 자른 단면은 오른쪽 그림과 같이 모두 원으로 모양은 같지만 그 크기가 다르므로 합동이 아니다.

(6) 원뿔을 회전축을 포함하는 평면으로 자를 때 생기는 단면의 모양은 이등변삼각형이다.

(7) 원뿔대를 회전축을 포함하는 평면으로 자를 때 생기는 단면의 모양은 사다리꼴이다.

⑥ 회전체의 전개도
78쪽

1 (1) 원기둥 (2) 원뿔 (3) 원뿔대
2 (1) $a=10$, $b=3$ (2) $a=13$, $b=5$ (3) $a=2$, $b=5$

입체도형의 겉넓이와 부피

1️⃣ 기둥의 겉넓이

79쪽~80쪽

1 그림은 풀이 참조
  ❶ 8, 24   ❷ 10, 7, 168   ❸ 24, 168, 216

2 (1) 30 cm²   (2) 270 cm²   (3) 330 cm²

3 그림은 풀이 참조
  ❶ 2, 6   ❷ 3, 4, 40   ❸ 6, 40, 52

4 (1) 15 cm²   (2) 96 cm²   (3) 126 cm²

5 그림은 풀이 참조
  ❶ 3^2(또는 9), 9π ❷ 3, 36π ❸ 9π, 36π, 54π

6 (1) 4π cm²   (2) 16π cm²   (3) 24π cm²

7 (1) 204 cm²   (2) 352 cm²   (3) 228π cm²
  (4) 120π cm²

1

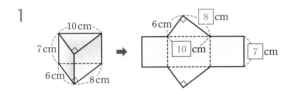

2 (1) (밑넓이)$=\dfrac{1}{2}\times 5\times 12=30(\text{cm}^2)$

(2) (옆넓이)$=(5+12+13)\times 9=270(\text{cm}^2)$

(3) (겉넓이)$=30\times 2+270=330(\text{cm}^2)$

3

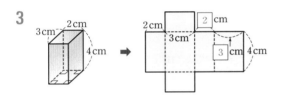

4 (1) (밑넓이)$=5\times 3=15(\text{cm}^2)$

(2) (옆넓이)$=(3+5+3+5)\times 6=96(\text{cm}^2)$

(3) (겉넓이)$=15\times 2+96=126(\text{cm}^2)$

5

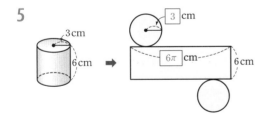

6 (1) (밑넓이)$=\pi\times 2^2=4\pi(\text{cm}^2)$

(2) (옆넓이)$=(2\pi\times 2)\times 4=16\pi(\text{cm}^2)$

(3) (겉넓이)$=4\pi\times 2+16\pi=24\pi(\text{cm}^2)$

7 (1) (밑넓이)$=\dfrac{1}{2}\times 8\times 3=12(\text{cm}^2)$

(옆넓이)$=(5+5+8)\times 10=180(\text{cm}^2)$

∴ (겉넓이)$=12\times 2+180=204(\text{cm}^2)$

(2) (밑넓이)$=\dfrac{1}{2}\times(6+12)\times 4=36(\text{cm}^2)$

(옆넓이)$=(5+6+5+12)\times 10=280(\text{cm}^2)$

∴ (겉넓이)$=36\times 2+280=352(\text{cm}^2)$

(3) (밑넓이)$=\pi\times 6^2=36\pi(\text{cm}^2)$

(옆넓이)$=(2\pi\times 6)\times 13=156\pi(\text{cm}^2)$

∴ (겉넓이)$=36\pi\times 2+156\pi=228\pi(\text{cm}^2)$

(4) (밑넓이)$=\pi\times 5^2=25\pi(\text{cm}^2)$

(옆넓이)$=(2\pi\times 5)\times 7=70\pi(\text{cm}^2)$

∴ (겉넓이)$=25\pi\times 2+70\pi=120\pi(\text{cm}^2)$

8️⃣ 기둥의 부피

81쪽~82쪽

1 ❶ 8, 24   ❷ 10   ❸ 24, 10, 240

2 (1) 12 cm²   (2) 5 cm   (3) 60 cm³

3 ❶ 3^2(또는 9), 9π ❷ 6   ❸ 9π, 6, 54π

4 (1) 4π cm²   (2) 4 cm   (3) 16π cm³

5 (1) 300 cm³   (2) 108 cm³   (3) 36π cm³

6 ❶ 4^2(또는 16), 80π ❷ 2^2(또는 4), 20π
  ❸ 80π, 20π, 60π

7 (1) 512π cm³   (2) 72π cm³   (3) 440π cm³

8 30π cm³

2 (1) (밑넓이)$=3\times 4=12(\text{cm}^2)$

(2) (높이)$=5$ cm

(3) (부피)$=12\times 5=60(\text{cm}^3)$

4 (1) (밑넓이)$=\pi\times 2^2=4\pi(\text{cm}^2)$

(2) (높이)$=4$ cm

(3) (부피)$=4\pi\times 4=16\pi(\text{cm}^3)$

5 (1) (밑넓이)$=\dfrac{1}{2}\times 5\times 12=30(\text{cm}^2)$

(높이)$=10$ cm

∴ (부피)$=30\times 10=300(\text{cm}^3)$

(2) (밑넓이)$=\dfrac{1}{2}\times(3+6)\times 6=27(\text{cm}^2)$

(높이)$=4$ cm

∴ (부피)$=27\times 4=108(\text{cm}^3)$

(3) (밑넓이)$=\pi\times 3^2\times\dfrac{1}{2}=\dfrac{9}{2}\pi(\text{cm}^2)$

(높이)$=8$ cm

∴ (부피)$=\dfrac{9}{2}\pi\times 8=36\pi(\text{cm}^3)$

7 (1) (큰 원기둥의 부피)$=(\pi\times 8^2)\times 8=512\pi(\text{cm}^3)$

(2) (작은 원기둥의 부피)$=(\pi\times 3^2)\times 8=72\pi(\text{cm}^3)$

(3) (구멍이 뚫린 입체도형의 부피)$=512\pi-72\pi$
                              $=440\pi(\text{cm}^3)$

8 (큰 원기둥의 부피)$=(\pi\times 3^2)\times 6=54\pi(\text{cm}^3)$

(작은 원기둥의 부피)$=(\pi\times 2^2)\times 6=24\pi(\text{cm}^3)$

∴ (구멍이 뚫린 입체도형의 부피)$=54\pi-24\pi$
                                   $=30\pi(\text{cm}^3)$

9 뿔의 겉넓이

83쪽~84쪽

1 그림은 풀이 참조
    ❶ 3, 3, 9   ❷ 4, 24   ❸ 9, 24, 33

2 (1) $49\,\text{cm}^2$ (2) $196\,\text{cm}^2$ (3) $245\,\text{cm}^2$

3 그림은 풀이 참조
    ❶ 3^2(또는 9), 9π ❷ 5, 3, 15π ❸ 9π, 15π, 24π

4 (1) $16\pi\,\text{cm}^2$ (2) $32\pi\,\text{cm}^2$ (3) $48\pi\,\text{cm}^2$

5 (1) $64\,\text{cm}^2$ (2) $108\pi\,\text{cm}^2$

6 (1) $45\,\text{cm}^2$ (2) $72\,\text{cm}^2$ (3) $117\,\text{cm}^2$

7 (1) $34\pi\,\text{cm}^2$ (2) $32\pi\,\text{cm}^2$ (3) $66\pi\,\text{cm}^2$

8 (1) $113\,\text{cm}^2$ (2) $17\pi\,\text{cm}^2$

1

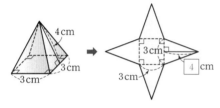

2 (1) (밑넓이)$=7\times7=49(\text{cm}^2)$

(2) (옆넓이)$=\left(\dfrac{1}{2}\times7\times14\right)\times4=196(\text{cm}^2)$

(3) (겉넓이)$=49+196=245(\text{cm}^2)$

3

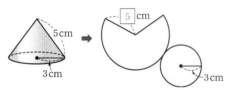

4 (1) (밑넓이)$=\pi\times4^2=16\pi(\text{cm}^2)$

(2) (옆넓이)$=\dfrac{1}{2}\times8\times(2\pi\times4)=32\pi(\text{cm}^2)$

(3) (겉넓이)$=16\pi+32\pi=48\pi(\text{cm}^2)$

5 (1) (밑넓이)$=4\times4=16(\text{cm}^2)$

(옆넓이)$=\left(\dfrac{1}{2}\times4\times6\right)\times4=48(\text{cm}^2)$

∴ (겉넓이)$=16+48=64(\text{cm}^2)$

(2) (밑넓이)$=\pi\times6^2=36\pi(\text{cm}^2)$

(옆넓이)$=\dfrac{1}{2}\times12\times(2\pi\times6)=72\pi(\text{cm}^2)$

∴ (겉넓이)$=36\pi+72\pi=108\pi(\text{cm}^2)$

6 (1) (두 밑면의 넓이의 합)$=3\times3+6\times6=45(\text{cm}^2)$

(2) (옆넓이)$=\left\{\dfrac{1}{2}\times(3+6)\times4\right\}\times4=72(\text{cm}^2)$

(3) (겉넓이)$=45+72=117(\text{cm}^2)$

7 (1) (두 밑면의 넓이의 합)$=\pi\times3^2+\pi\times5^2=34\pi(\text{cm}^2)$

(2) (옆넓이)$=\dfrac{1}{2}\times(6+4)\times(2\pi\times5)-\dfrac{1}{2}\times6\times(2\pi\times3)$
             $=50\pi-18\pi=32\pi(\text{cm}^2)$

(3) (겉넓이)$=34\pi+32\pi=66\pi(\text{cm}^2)$

8 (1) (두 밑면의 넓이의 합)$=2\times2+5\times5=29(\text{cm}^2)$

(옆넓이)$=\left\{\dfrac{1}{2}\times(2+5)\times6\right\}\times4=84(\text{cm}^2)$

∴ (겉넓이)$=29+84=113(\text{cm}^2)$

(2) (두 밑면의 넓이의 합)$=\pi\times1^2+\pi\times2^2=5\pi(\text{cm}^2)$

(옆넓이)$=\dfrac{1}{2}\times(4+4)\times(2\pi\times2)-\dfrac{1}{2}\times4\times(2\pi\times1)$
           $=16\pi-4\pi=12\pi(\text{cm}^2)$

∴ (겉넓이)$=5\pi+12\pi=17\pi(\text{cm}^2)$

10 뿔의 부피

85쪽~86쪽

1 ❶ 8, 64   ❷ 12   ❸ 64, 12, 256

2 (1) $21\,\text{cm}^2$ (2) $10\,\text{cm}$ (3) $70\,\text{cm}^3$

3 ❶ 3^2(또는 9), 9π ❷ 6   ❸ 9π, 6, 18π

4 (1) $25\pi\,\text{cm}^2$ (2) $12\,\text{cm}$ (3) $100\pi\,\text{cm}^3$

5 (1) $50\,\text{cm}^3$ (2) $96\pi\,\text{cm}^3$

6 (1) $500\,\text{cm}^3$ (2) $108\,\text{cm}^3$ (3) $392\,\text{cm}^3$

7 (1) $256\pi\,\text{cm}^3$ (2) $32\pi\,\text{cm}^3$ (3) $224\pi\,\text{cm}^3$

8 (1) $42\,\text{cm}^3$ (2) $\dfrac{140}{3}\pi\,\text{cm}^3$

2 (1) (밑넓이)$=\dfrac{1}{2}\times7\times6=21(\text{cm}^2)$

(2) (높이)$=10\,\text{cm}$

(3) (부피)$=\dfrac{1}{3}\times21\times10=70(\text{cm}^3)$

4 (1) (밑넓이)$=\pi\times5^2=25\pi(\text{cm}^2)$

(2) (높이)$=12\,\text{cm}$

(3) (부피)$=\dfrac{1}{3}\times25\pi\times12=100\pi(\text{cm}^3)$

5 (1) (밑넓이)$=5\times5=25(\text{cm}^2)$

(높이)$=6\,\text{cm}$

∴ (부피)$=\dfrac{1}{3}\times25\times6=50(\text{cm}^3)$

(2) (밑넓이)$=\pi\times6^2=36\pi(\text{cm}^2)$

(높이)$=8\,\text{cm}$

∴ (부피)$=\dfrac{1}{3}\times36\pi\times8=96\pi(\text{cm}^3)$

6 (1) (큰 뿔의 부피)$=\dfrac{1}{3}\times(10\times10)\times15=500(\text{cm}^3)$

(2) (작은 뿔의 부피)$=\dfrac{1}{3}\times(6\times6)\times9=108(\text{cm}^3)$

(3) (사각뿔대의 부피)$=500-108=392(\text{cm}^3)$

7 (1) (큰 뿔의 부피)$=\dfrac{1}{3}\times(\pi\times8^2)\times12=256\pi(\text{cm}^3)$

(2) (작은 뿔의 부피)$=\dfrac{1}{3}\times(\pi\times4^2)\times6=32\pi(\text{cm}^3)$

(3) (원뿔대의 부피)$=256\pi-32\pi=224\pi(\text{cm}^3)$

8 (1) (큰 뿔의 부피)$=\dfrac{1}{3}\times(6\times4)\times6=48(\text{cm}^3)$

  (작은 뿔의 부피)$=\dfrac{1}{3}\times(3\times2)\times3=6(\text{cm}^3)$

  ∴ (사각뿔대의 부피)$=48-6=42(\text{cm}^3)$

  (2) (큰 뿔의 부피)$=\dfrac{1}{3}\times(\pi\times4^2)\times10=\dfrac{160}{3}\pi(\text{cm}^3)$

  (작은 뿔의 부피)$=\dfrac{1}{3}\times(\pi\times2^2)\times5=\dfrac{20}{3}\pi(\text{cm}^3)$

  ∴ (원뿔대의 부피)$=\dfrac{160}{3}\pi-\dfrac{20}{3}\pi=\dfrac{140}{3}\pi(\text{cm}^3)$

11 구의 겉넓이
87쪽

  1 (1) 3^2(또는 9), 36π (2) $100\pi\,\text{cm}^2$ (3) $64\pi\,\text{cm}^2$
  2 (1) 3^2(또는 9), 3^2(또는 9), 27π (2) $147\pi\,\text{cm}^2$
    (3) $108\pi\,\text{cm}^2$

1 (2) (겉넓이)$=4\pi\times5^2=100\pi(\text{cm}^2)$
  (3) (겉넓이)$=4\pi\times4^2=64\pi(\text{cm}^2)$

2 (2) (겉넓이)$=\dfrac{1}{2}\times(4\pi\times7^2)+\pi\times7^2=147\pi(\text{cm}^2)$
  (3) (겉넓이)$=\dfrac{1}{2}\times(4\pi\times6^2)+\pi\times6^2=108\pi(\text{cm}^2)$

12 구의 부피
88쪽

  1 (1) 3^3(또는 27), 36π (2) $\dfrac{500}{3}\pi\,\text{cm}^3$ (3) $\dfrac{256}{3}\pi\,\text{cm}^3$
  2 (1) 2^3(또는 8), $\dfrac{16}{3}\pi$ (2) $18\pi\,\text{cm}^3$
  3 $512\pi\,\text{cm}^3$

1 (2) (부피)$=\dfrac{4}{3}\pi\times5^3=\dfrac{500}{3}\pi(\text{cm}^3)$
  (3) (부피)$=\dfrac{4}{3}\pi\times4^3=\dfrac{256}{3}\pi(\text{cm}^3)$

2 (2) (부피)$=\dfrac{1}{2}\times\left(\dfrac{4}{3}\pi\times3^3\right)=18\pi(\text{cm}^3)$

3 (부피)$=\dfrac{3}{4}\times\left(\dfrac{4}{3}\pi\times8^3\right)=512\pi(\text{cm}^3)$

대단원 개념 마무리
89쪽~91쪽

  1 (1) ㄱ, ㄴ, ㄷ, ㅁ (2) ㄱ, ㄷ (3) ㄱ, ㄴ, ㄷ
    (4) ㅁ
  2 (1) ○ (2) ○ (3) × (4) ○
  3 (1) 정육면체 (2) 점 F (3) 면 MFEN

---

  4 (1) ㄷ (2) ㄱ (3) ㄴ
  5 풀이 참조
  6 (1) $a=5$, $b=3$, $c=6\pi$ (2) $a=4$, $b=8$, $c=14\pi$
  7 (1) ① $224\,\text{cm}^2$ ② $196\,\text{cm}^3$
    (2) ① $192\pi\,\text{cm}^2$ ② $360\pi\,\text{cm}^3$
  8 (1) $10\pi\,\text{cm}^3$ (2) $128\pi\,\text{cm}^3$
  9 (1) ① $360\,\text{cm}^2$ ② $400\,\text{cm}^3$
    (2) ① $216\pi\,\text{cm}^2$ ② $324\pi\,\text{cm}^3$
  10 (1) ① $360\,\text{cm}^2$ ② $336\,\text{cm}^3$
    (2) ① $90\pi\,\text{cm}^2$ ② $84\pi\,\text{cm}^3$
  11 (1) ① $324\pi\,\text{cm}^2$ ② $972\pi\,\text{cm}^3$
    (2) ① $48\pi\,\text{cm}^2$ ② $\dfrac{128}{3}\pi\,\text{cm}^3$
  12 (1) ① $18\pi\,\text{cm}^3$ ② $45\pi\,\text{cm}^3$ ③ $63\pi\,\text{cm}^3$
    (2) ① $\dfrac{128}{3}\pi\,\text{cm}^3$ ② $\dfrac{112}{3}\pi\,\text{cm}^3$ ③ $80\pi\,\text{cm}^3$

1 (2) ㄱ. 면의 개수가 6 ➡ 육면체
  ㄴ. 면의 개수가 7 ➡ 칠면체
  ㄷ. 면의 개수가 6 ➡ 육면체
  ㅁ. 면의 개수가 4 ➡ 사면체
  (3) ㄱ. 모서리의 개수 ➡ 12
  ㄴ. 모서리의 개수 ➡ 12
  ㄷ. 모서리의 개수 ➡ 12
  ㅁ. 모서리의 개수 ➡ 6
  (4) ㄱ. 꼭짓점의 개수 ➡ 8
  ㄴ. 꼭짓점의 개수 ➡ 7
  ㄷ. 꼭짓점의 개수 ➡ 8
  ㅁ. 꼭짓점의 개수 ➡ 4

2 (3) 정다면체의 이름은 면의 개수에 따라 결정된다.

3
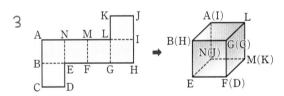

5

회전체	회전축에 수직인 평면으로 자른 단면의 경계	회전축을 포함하는 평면으로 자른 단면

6 (1) $c=2\pi\times3=6\pi$

(2) $c=2\pi\times7=14\pi$

7 (1) ① (밑넓이)$=\dfrac{1}{2}\times(4+10)\times4=28(\text{cm}^2)$

(옆넓이)$=(10+5+4+5)\times7=168(\text{cm}^2)$

∴ (겉넓이)$=28\times2+168=224(\text{cm}^2)$

② (밑넓이)$=28\,\text{cm}^2$

(높이)$=7\,\text{cm}$

∴ (부피)$=28\times7=196(\text{cm}^3)$

(2) ① (밑넓이)$=\pi\times6^2=36\pi(\text{cm}^2)$

(옆넓이)$=(2\pi\times6)\times10=120\pi(\text{cm}^2)$

∴ (겉넓이)$=36\pi\times2+120\pi=192\pi(\text{cm}^2)$

② (밑넓이)$=36\pi\,\text{cm}^2$

(높이)$=10\,\text{cm}$

∴ (부피)$=36\pi\times10=360\pi(\text{cm}^3)$

8 (1) (밑넓이)$=\pi\times2^2\times\dfrac{1}{2}=2\pi(\text{cm}^2)$

(높이)$=5\,\text{cm}$

∴ (부피)$=2\pi\times5=10\pi(\text{cm}^3)$

(2) (큰 원기둥의 부피)$=(\pi\times5^2)\times8=200\pi(\text{cm}^3)$

(작은 원기둥의 부피)$=(\pi\times3^2)\times8=72\pi(\text{cm}^3)$

∴ (구멍이 뚫린 입체도형의 부피)$=200\pi-72\pi$
$=128\pi(\text{cm}^3)$

9 (1) ① (밑넓이)$=10\times10=100(\text{cm}^2)$

(옆넓이)$=\left(\dfrac{1}{2}\times10\times13\right)\times4=260(\text{cm}^2)$

∴ (겉넓이)$=100+260=360(\text{cm}^2)$

② (밑넓이)$=100\,\text{cm}^2$

(높이)$=12\,\text{cm}$

∴ (부피)$=\dfrac{1}{3}\times100\times12=400(\text{cm}^3)$

(2) ① (밑넓이)$=\pi\times9^2=81\pi(\text{cm}^2)$

(옆넓이)$=\dfrac{1}{2}\times15\times(2\pi\times9)=135\pi(\text{cm}^2)$

∴ (겉넓이)$=81\pi+135\pi=216\pi(\text{cm}^2)$

② (밑넓이)$=81\pi\,\text{cm}^2$

(높이)$=12\,\text{cm}$

∴ (부피)$=\dfrac{1}{3}\times81\pi\times12=324\pi(\text{cm}^3)$

10 (1) ① (두 밑면의 넓이의 합)$=6\times6+12\times12=180(\text{cm}^2)$

(옆넓이)$=\left\{\dfrac{1}{2}\times(6+12)\times5\right\}\times4=180(\text{cm}^2)$

∴ (겉넓이)$=180+180=360(\text{cm}^2)$

② (큰 뿔의 부피)$=\dfrac{1}{3}\times(12\times12)\times8=384(\text{cm}^3)$

(작은 뿔의 부피)$=\dfrac{1}{3}\times(6\times6)\times4=48(\text{cm}^3)$

∴ (사각뿔대의 부피)$=384-48=336(\text{cm}^3)$

(2) ① (두 밑면의 넓이의 합)$=\pi\times3^2+\pi\times6^2=45\pi(\text{cm}^2)$

(옆넓이)$=\dfrac{1}{2}\times(5+5)\times(2\pi\times6)-\dfrac{1}{2}\times5\times(2\pi\times3)$
$=60\pi-15\pi=45\pi(\text{cm}^2)$

∴ (겉넓이)$=45\pi+45\pi=90\pi(\text{cm}^2)$

② (큰 뿔의 부피)$=\dfrac{1}{3}\times(\pi\times6^2)\times8=96\pi(\text{cm}^3)$

(작은 뿔의 부피)$=\dfrac{1}{3}\times(\pi\times3^2)\times4=12\pi(\text{cm}^3)$

∴ (원뿔대의 부피)$=96\pi-12\pi=84\pi(\text{cm}^3)$

11 (1) ① (겉넓이)$=4\pi\times9^2=324\pi(\text{cm}^2)$

② (부피)$=\dfrac{4}{3}\pi\times9^3=972\pi(\text{cm}^3)$

(2) ① (겉넓이)$=\dfrac{1}{2}\times(4\pi\times4^2)+\pi\times4^2=48\pi(\text{cm}^2)$

② (부피)$=\dfrac{1}{2}\times\left(\dfrac{4}{3}\pi\times4^3\right)=\dfrac{128}{3}\pi(\text{cm}^3)$

12 (1) ① (반구의 부피)$=\dfrac{1}{2}\times\left(\dfrac{4}{3}\pi\times3^3\right)=18\pi(\text{cm}^3)$

② (원기둥의 부피)$=(\pi\times3^2)\times5=45\pi(\text{cm}^3)$

③ (입체도형의 부피)$=18\pi+45\pi=63\pi(\text{cm}^3)$

(2) ① (반구의 부피)$=\dfrac{1}{2}\times\left(\dfrac{4}{3}\pi\times4^3\right)=\dfrac{128}{3}\pi(\text{cm}^3)$

② (원뿔의 부피)$=\dfrac{1}{3}\times(\pi\times4^2)\times7=\dfrac{112}{3}\pi(\text{cm}^3)$

③ (입체도형의 부피)$=\dfrac{128}{3}\pi+\dfrac{112}{3}\pi=80\pi(\text{cm}^3)$

V·1 **자료의 정리와 해석**

중앙값
94쪽

> **1** (1) 2 (2) 2, 4, 3 (3) 15 (4) 6.5 (5) 6 (6) 11
> **2** (1) 3 (2) 11 (3) 7

1 (1) 변량을 작은 값부터 크기순으로 나열하면
1, 1, ②, 5, 9
변량의 개수가 홀수이므로 중앙값은 ②이다.
(2) 변량을 작은 값부터 크기순으로 나열하면
1, 2, ②, ④, 6, 7
변량의 개수가 짝수이므로 중앙값은 2와 4의 평균인
$\dfrac{②+④}{2}$=③이다.
(3) 변량을 작은 값부터 크기순으로 나열하면
13, 14, ⑮, 18, 20
변량의 개수가 홀수이므로 중앙값은 15이다.
(4) 변량을 작은 값부터 크기순으로 나열하면
3, 4, ⑥, ⑦, 8, 9
변량의 개수가 짝수이므로 중앙값은 6과 7의 평균인
$\dfrac{6+7}{2}$=6.5이다.
(5) 변량을 작은 값부터 크기순으로 나열하면
3, 4, 4, ⑥, 7, 9, 11
변량의 개수가 홀수이므로 중앙값은 6이다.
(6) 변량을 작은 값부터 크기순으로 나열하면
7, 7, 9, ⑩, ⑫, 15, 15, 20
변량의 개수가 짝수이므로 중앙값은 10과 12의 평균인
$\dfrac{10+12}{2}$=11이다.

2 (1) (중앙값)=$\dfrac{x+7}{2}$=5이므로
$x+7=10$ ∴ $x=3$
(2) (중앙값)=$\dfrac{5+x}{2}$=8이므로
$5+x=16$ ∴ $x=11$
(3) (중앙값)=$\dfrac{x+13}{2}$=10이므로
$x+13=20$ ∴ $x=7$

최빈값
95쪽

> **1** (1) 8 (2) 44, 55, 66 (3) 100 (4) 소 **2** A형
> **3** 16 GB, 32 GB **4** 튀김

1 (1) 5, ⑧, 6, ⑧, ⑧, 9, 6
8이 세 번으로 가장 많이 나타나므로 최빈값은 8이다.
(2) ㊹, 33, ㋰, ㋞, 77, ㊹, ㋞, ㋰
44, 55, 66이 각각 두 번씩 가장 많이 나타나므로 최빈값은
44, 55, 66이다.
(3) 90, 105, ⑩⑩, 95, 95, ⑩⑩, 110, ⑩⑩
100이 세 번으로 가장 많이 나타나므로 최빈값은 100이다.
(4) ㋛, 돼지, 닭, ㋛, 말, 토끼, 곰, 쥐
소가 두 번으로 가장 많이 나타나므로 최빈값은 소이다.

2 A형이 7명으로 가장 많이 나타나므로 최빈값은 A형이다.

3 16 GB, 32 GB가 각각 9명씩 가장 많이 나타나므로 최빈값은
16 GB, 32 GB이다.

4 튀김이 14명으로 가장 많이 나타나므로 최빈값은 튀김이다.

집중 연습 대푯값 구하기
96쪽

> **1** 9, 12, 15, 17, 17, 20, 21, 24
> (1) 15점 (2) 16점 (3) 17점
> **2** (1) 24세 (2) 26세 (3) 26세, 31세
> **3** (1) 25시간 (2) 14시간 (3) 중앙값
> **4** 최빈값, 5만 원

1 변량을 작은 값부터 크기순으로 나열하면
7, 8, 9, 12, ⑮, ⑰, 17, 20, 21, 24
(1) (평균)=$\dfrac{7+8+9+12+15+17+17+20+21+24}{10}$
$=\dfrac{150}{10}$=15(점)
(2) 변량의 개수가 짝수이므로 중앙값은 15와 17의 평균인
$\dfrac{15+17}{2}$=16(점)이다.
(3) 17점이 두 번으로 가장 많이 나타나므로 최빈값은 17점이다.

2 (1) (평균)
$=\dfrac{20+27+19+31+24+14+26+30+26+16+31}{11}$
$=\dfrac{264}{11}$=24(세)
(2), (3) 변량을 작은 값부터 크기순으로 나열하면
14, 16, 19, 20, 24, ㉖, 26, 27, 30, 31, 31
변량의 개수가 홀수이므로 중앙값은 26세이다.
26세, 31세가 각각 2번씩 가장 많이 나타나므로 최빈값은
26세, 31세이다.

3 (1) (평균)=$\dfrac{9+17+11+94+19+11+14}{7}$
$=\dfrac{175}{7}$=25(시간)
(2) 변량을 작은 값부터 크기순으로 나열하면
9, 11, 11, ⑭, 17, 19, 94
변량의 개수가 홀수이므로 중앙값은 14시간이다.

(3) 자료에 94시간과 같은 다른 변량에 비해 매우 큰 극단적인 값이 있으므로 평균보다 중앙값이 대푯값으로 적절하다.

[참고] 평균은 극단적인 값에 영향을 많이 받으므로 대푯값으로 평균보다 중앙값이 적절하다.

4 친구 10명이 받은 세뱃돈 중에서 가장 많이 나타난 금액으로 지은이의 세뱃돈을 정해야 하므로 이 자료의 대푯값으로 가장 적절한 것은 최빈값이다.
이때 5만 원이 네 번으로 가장 많이 나타나므로 최빈값은 5만 원이다.

③ 줄기와 잎 그림
97쪽

1 줄기와 잎 그림은 풀이 참조
(1) 십, 일 (2) 4, 4, 5, 9 (3) 20, 20
(4) 36, 37, 41, 42, 44, 6

2 (1) 4 (2) 21명 (3) 28회 (4) 7명

1 줄넘기 기록
(1|3은 13회)

줄기	잎
1	3 4 4 5 9
2	1 2 3 3 6 7 9
3	0 2 5 6 7
4	1 2 4

2 (2) $6+5+7+3=21$(명)
(3) 윗몸일으키기를 가장 많이 한 학생의 기록은 43회, 윗몸일으키기를 가장 적게 한 학생의 기록은 15회이므로 그 차는
$43-15=28$(회)
(4) 기록이 20회 이상 34회 미만인 학생은 20회, 20회, 21회, 22회, 26회, 31회, 33회의 7명이다.

④ 도수분포표
98쪽~99쪽

1 도수분포표는 풀이 참조
(1) 5 (2) 20 (3) 6, 60, 80 (4) 9

2 (1) 20송이 (2) 20송이 이상 40송이 미만
(3) 80송이 이상 100송이 미만 (4) 19일

3 10

4 (1) 10 cm (2) 13 (3) 18명

5 (1) 9명 (2) 9, 18 (3) 14명 (4) 28%

1

사용 시간(분)		학생 수(명)
0이상 ~ 20미만	////	4
20 ~ 40	/////	5
40 ~ 60	////	4
60 ~ 80	///// /	6
80 ~ 100	/////	5
합계		24

(2) $20-0=40-20=\cdots=100-80=20$(분)
(4) 20분 이상 40분 미만인 학생 수: 5
40분 이상 60분 미만인 학생 수: 4
따라서 사용 시간이 20분 이상 60분 미만인 학생은
$5+4=9$(명)

2 (1) $20-0=40-20=\cdots=100-80=20$(송이)
(4) 40송이 이상 60송이 미만인 날 수: 15
60송이 이상 80송이 미만인 날 수: 4
따라서 판매량이 40송이 이상 80송이 미만인 날은
$15+4=19$(일)

3 $2+9+A+6+3=30$에서
$A=30-(2+9+6+3)=10$

4 (1) $140-130=150-140=\cdots=180-170=10$(cm)
(2) $3+7+12+A+5=40$에서
$A=40-(3+7+12+5)=13$
(3) 160 cm 이상 170 cm 미만인 학생 수: 13
170 cm 이상 180 cm 미만인 학생 수: 5
따라서 키가 160 cm 이상인 학생은
$13+5=18$(명)

5 (1) $50-(4+10+12+8+7)=9$(명)
(3) 5회 이상 10회 미만인 학생 수: 4
10회 이상 15회 미만인 학생 수: 10
따라서 도서관 이용 횟수가 15회 미만인 학생은
$4+10=14$(명)
(4) $\dfrac{14}{50}\times100=28$(%)

⑤ 히스토그램
100쪽~101쪽

1 풀이 참조

2 9, 11, 2 (1) 10 (2) 5 (3) 90, 100
(4) 2, 9 (5) 9, 11, 2, 35

3 (1) 10 L (2) 50 L 이상 60 L 미만 (3) 16명
(4) 30명 (5) 12명 (6) 40%

4 (1) × (2) ○ (3) × (4) ○ (5) × (6) ○

1

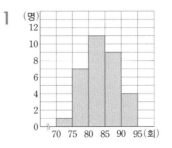

2 (4) 80점 이상 90점 미만인 학생 수: 7

90점 이상 100점 미만인 학생 수: 2

따라서 수학 점수가 80점 이상인 학생은

7＋2＝9(명)

3 (3) 60 L 이상 70 L 미만인 학생 수: 10

70 L 이상 80 L 미만인 학생 수: 6

따라서 마신 물의 양이 60 L 이상인 학생은

10＋6＝16(명)

(4) 2＋5＋7＋10＋6＝30(명)

(5) 40 L 이상 50 L 미만인 학생 수: 5

50 L 이상 60 L 미만인 학생 수: 7

따라서 마신 물의 양이 40 L 이상 60 L 미만인 학생은

5＋7＝12(명)

(6) $\frac{12}{30} \times 100 = 40(\%)$

4 (1) 계급의 크기는 2시간이다.

(2) 6시간 이상 8시간 미만인 학생 수: 13

8시간 이상 10시간 미만인 학생 수: 11

따라서 운동 시간이 6시간 이상 10시간 미만인 학생은

13＋11＝24(명)

(3) 5＋7＋13＋11＋9＋5＝50(명)

(4) 2시간 이상 4시간 미만인 학생 수: 5

4시간 이상 6시간 미만인 학생 수: 7

따라서 운동 시간이 6시간 미만인 학생은

5＋7＝12(명)

(5) $\frac{12}{50} \times 100 = 24(\%)$

(6) 8시간 이상 10시간 미만인 학생 수: 11

10시간 이상 12시간 미만인 학생 수: 9

따라서 운동 시간이 8시간 이상 12시간 미만인 학생은

11＋9＝20(명)

∴ $\frac{20}{50} \times 100 = 40(\%)$

6 도수분포다각형
102쪽~103쪽

1 풀이 참조

2 (1) 10　　(2) 5　　(3) 50, 60　(4) 2, 8　(5) 6, 8, 30

3 (1) 2회　(2) 6　　(3) 40명　(4) 12명　(5) 14명　(6) 35 %

4 (1) ×　(2) ×　　(3) ○　　(4) ○　　(5) ×　　(6) ○

1

2 (4) 50점 이상 60점 미만인 학생 수: 2

60점 이상 70점 미만인 학생 수: 6

따라서 사회 점수가 70점 미만인 학생은

2＋6＝8(명)

3 (3) 1＋6＋8＋11＋12＋2＝40(명)

(4) 도수가 가장 큰 계급은 11회 이상 13회 미만이므로 이 계급에 속하는 학생은 12명이다.

(5) 5회 이상 7회 미만인 학생 수: 6

7회 이상 9회 미만인 학생 수: 8

따라서 자유투를 성공한 횟수가 5회 이상 9회 미만인 학생은

6＋8＝14(명)

(6) $\frac{14}{40} \times 100 = 35(\%)$

4 (1) 계급의 개수는 5이다.

(2) 8＋11＋10＋7＋6＝42(명)

(4) 나이가 35세인 관람객이 속하는 계급은 30세 이상 40세 미만이므로 이 계급의 도수는 10명이다.

(5) 40세 이상 50세 미만인 관람객 수: 7

50세 이상 60세 미만인 관람객 수: 6

따라서 40세 이상인 관람객은

7＋6＝13(명)

(6) 20세 이상 30세 미만인 관람객 수: 11

30세 이상 40세 미만인 관람객 수: 10

따라서 나이가 20세 이상 40세 미만인 관람객은

11＋10＝21(명)

∴ $\frac{21}{42} \times 100 = 50(\%)$

7 상대도수
104쪽~105쪽

1 0.25, 0.4, 0.2, 0.1

2 0.2, 0.25, 0.35, 0.15, 0.05, 1

3 (1) 0.3, 30　(2) 35 %　　(3) 50 %

4 (1) 0.3, 9　(2) 32　　(3) 0.08, 125　(4) 300

5 24, 32, 20, 14, 100

6 (1) 0.1, 50　(2) 50, 10　(3) 50, 0.16　(4) 50, 0.32

(5) 1　　(6) 26 %

1

시청 시간(분)	학생 수(명)	상대도수
0 이상 ~ 30 미만	1	$\frac{1}{20} = 0.05$
30 ~ 60	5	$\frac{5}{20} = 0.25$
60 ~ 90	8	$\frac{8}{20} = 0.4$
90 ~ 120	4	$\frac{4}{20} = 0.2$
120 ~ 150	2	$\frac{2}{20} = 0.1$
합계	20	1

2

길이(cm)	학생 수(명)	상대도수
$130^{이상} \sim 140^{미만}$	8	$\dfrac{8}{40}=0.2$
140 ~ 150	10	$\dfrac{10}{40}=0.25$
150 ~ 160	14	$\dfrac{14}{40}=0.35$
160 ~ 170	6	$\dfrac{6}{40}=0.15$
170 ~ 180	2	$\dfrac{2}{40}=0.05$
합계	40	1

3 (2) 23℃ 이상 25℃ 미만, 25℃ 이상 27℃ 미만인 계급의 상대
도수의 합은 $0.25+0.1=0.35$이다.
따라서 최저 기온이 23℃ 이상인 날은 전체의
$0.35 \times 100 = 35(\%)$
(3) 19℃ 이상 21℃ 미만, 21℃ 이상 23℃ 미만인 계급의 상대
도수의 합은 $0.2+0.3=0.5$이다.
따라서 최저 기온이 19℃ 이상 23℃ 미만인 날은 전체의
$0.5 \times 100 = 50(\%)$

4 (2) (계급의 도수)$=200 \times 0.16 = 32$
(4) (도수의 총합)$=\dfrac{15}{0.05}=300$

5 0권 이상 2권 미만인 계급의 도수가 10명이고, 상대도수가 0.1
이므로
(도수의 총합)$=\dfrac{10}{0.1}=100$(명)

읽은 책의 수(권)	학생 수(명)	상대도수
$0^{이상} \sim 2^{미만}$	10	0.1
2 ~ 4	$100 \times 0.24 = 24$	0.24
4 ~ 6	$100 \times 0.32 = 32$	0.32
6 ~ 8	$100 \times 0.2 = 20$	0.2
8 ~ 10	$100 \times 0.14 = 14$	0.14
합계	100	1

6 (5) $E=0.1+0.16+0.2+0.14+0.32+0.08=1$
(6) 10분 이상 15분 미만, 15분 이상 20분 미만인 계급의 상대
도수의 합은 $0.1+0.16=0.26$이다.
따라서 대기 시간이 20분 미만인 학생은 전체의
$0.26 \times 100 = 26(\%)$

상대도수의 분포를 나타낸 그래프
106쪽~107쪽

1 풀이 참조
2 풀이 참조
3 (1) 0.04　(2) 0.04, 2　(3) 0.3, 15　(4) 0.48, 48　(5) 0.2, 10
4 (1) 50점 이상 60점 미만　(2) 8명　(3) 26명　(4) 32%
　(5) 42명

1
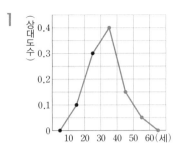

2

연착 시간(분)	도수(회)	상대도수
$4^{이상} \sim 8^{미만}$	4	0.08
8 ~ 12	8	$\dfrac{8}{50}=0.16$
12 ~ 16	16	$\dfrac{16}{50}=0.32$
16 ~ 20	12	$\dfrac{12}{50}=0.24$
20 ~ 24	10	$\dfrac{10}{50}=0.2$
합계	50	1

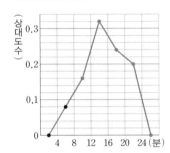

3 (3) 상대도수가 가장 큰 계급은 12시간 이상 16시간 미만이고,
이 계급의 상대도수는 0.3이므로 도수는
$50 \times 0.3 = 15$(명)
(4) 8시간 이상 12시간 미만, 12시간 이상 16시간 미만인 계급
의 상대도수의 합은 $0.18+0.3=0.48$이다.
따라서 봉사 활동 시간이 8시간 이상 16시간 미만인 학생은
전체의
$0.48 \times 100 = 48(\%)$
(5) 20시간 이상 24시간 미만, 24시간 이상 28시간 미만인 계급
의 상대도수의 합은 $0.14+0.06=0.2$이다.
따라서 봉사 활동 시간이 20시간 이상인 학생은
$50 \times 0.2 = 10$(명)

4 (2) 상대도수가 가장 작은 계급의 상대도수는 0.08이므로 이 계
급의 도수는
$100 \times 0.08 = 8$(명)
(3) 점수가 75점인 학생이 속하는 계급은 70점 이상 80점 미만
이고, 이 계급의 상대도수는 0.26이므로 학생은
$100 \times 0.26 = 26$(명)
(4) 50점 이상 60점 미만, 60점 이상 70점 미만인 계급의 상대
도수의 합은 $0.08+0.24=0.32$이다.
따라서 점수가 70점 미만인 학생은 전체의
$0.32 \times 100 = 32(\%)$

(5) 80점 이상 90점 미만, 90점 이상 100점 미만인 계급의 상대
도수의 합은 0.32+0.1=0.42이다.
따라서 점수가 80점 이상인 학생은
100×0.42=42(명)

⑨ 도수의 총합이 다른 두 집단의 분포 비교　108쪽~109쪽

1 (1) 풀이 참조　　　　　 (2) 0.24, 0.12, A 중학교
　　 (3) 0.28, 0.58, B 중학교　(4) B 중학교
2 (1) A 중학교 (2) B 중학교 (3) 70명　(4) 35명　(5) B 중학교
3 (1) ×　　(2) ×　　(3) ×　　　(4) ○　　(5) ○

1 (1)

만족도(점)	A 중학교		B 중학교	
	학생 수(명)	상대도수	학생 수(명)	상대도수
5^{이상} ~ 10^{미만}	16	0.16	12	0.06
10 ~ 15	24	$\frac{24}{100}=0.24$	24	$\frac{24}{200}=0.12$
15 ~ 20	32	$\frac{32}{100}=0.32$	48	$\frac{48}{200}=0.24$
20 ~ 25	18	$\frac{18}{100}=0.18$	60	$\frac{60}{200}=0.3$
25 ~ 30	10	$\frac{10}{100}=0.1$	56	$\frac{56}{200}=0.28$
합계	100	1	200	1

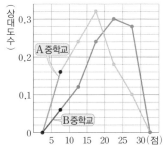

(4) B 중학교에 대한 그래프가 A 중학교에 대한 그래프보다 전
체적으로 오른쪽으로 치우쳐 있으므로 만족도는 B 중학교가
A 중학교보다 상대적으로 더 높다고 할 수 있다.

2 (1) 두 중학교에서 기록이 10초 이상 20초 미만인 학생의 상대
도수는 각각
A 중학교: 0.15, B 중학교: 0.1
즉, 기록이 10초 이상 20초 미만인 학생의 비율은 A 중학교
가 더 높다.
(2) 두 중학교에서 기록이 40초 이상 50초 미만, 50초 이상 60
초 미만인 계급의 상대도수의 합은 각각
A 중학교: 0.2+0.05=0.25
B 중학교: 0.25+0.1=0.35
즉, 기록이 40초 이상인 학생의 비율은 B 중학교가 더 높다.
(3) A 중학교에서 기록이 20초 이상 30초 미만인 계급의 상대도
수는 0.35이므로 학생은
200×0.35=70(명)
(4) B 중학교에서 기록이 30초 이상 40초 미만인 계급의 상대도
수는 0.35이므로 학생은
100×0.35=35(명)

(5) B 중학교에 대한 그래프가 A 중학교에 대한 그래프보다 전
체적으로 오른쪽으로 치우쳐 있으므로 기록은 B 중학교가
A 중학교보다 상대적으로 더 좋다고 할 수 있다.

3 (1) 시청 시간이 4시간 이상 5시간 미만인 학생의 상대도수는 각각
남학생: 0.22, 여학생: 0.28
즉, 시청 시간이 4시간 이상 5시간 미만인 학생의 비율은 여
학생이 더 높다.
(2) 시청 시간이 1시간 이상 2시간 미만, 2시간 이상 3시간 미만
인 계급의 상대도수의 합은 각각
남학생: 0.08+0.3=0.38
여학생: 0.04+0.12=0.16
즉, 시청 시간이 3시간 미만인 학생의 비율은 남학생이 더
높다.
(3) 남학생에서 5시간 이상 6시간 미만, 6시간 이상 7시간 미만
인 계급의 상대도수의 합은 0.1+0.06=0.16이다.
따라서 시청 시간이 5시간 이상인 남학생은 남학생 전체의
0.16×100=16(%)
(4) 시청 시간이 3시간 이상 4시간 미만인 남학생과 여학생 수는
각각
남학생: 100×0.24=24(명)
여학생: 125×0.32=40(명)
(5) 여학생에 대한 그래프가 남학생에 대한 그래프보다 전체적
으로 오른쪽으로 치우쳐 있으므로 시청 시간은 여학생이 남
학생보다 상대적으로 더 긴 편이다.

대단원 개념 마무리　110쪽~112쪽

1 (1) 13, 11　　　　(2) 18, 19
2 (1) 64 mm　　 (2) 36 mm　　 (3) 중앙값
3 (1) 풀이 참조　(2) 1　　　　 (3) 24분
4 (1) ○　　　　 (2) ×　　　　 (3) ×
5 ㄹ
6 (1) 2회　　　 (2) 4회 이상 6회 미만　　 (3) 15명
　 (4) 15 %
7 (1) 5 kg　　　(2) 16명　　 (3) 40명　　 (4) 50 %
8 (1) 6　　　　 (2) 3만 원 이상 4만 원 미만 (3) 6명
　 (4) 25 %
9 25명
10 (1) A=7, B=0.44, C=25 (2) 0.44　 (3) 20 %
11 (1) 2개　　　(2) 100 g 이상 120 g 미만　(3) 38 %
　 (4) 10개
12 (1) B 중학교　(2) A 중학교　(3) B 중학교

1 (1) 변량을 작은 값부터 크기순으로 나열하면
4, 9, 11, 11, ⑬, 16, 25, 26, 29
변량의 개수가 홀수이므로 중앙값은 13이다.
11이 두 번으로 가장 많이 나타나므로 최빈값은 11이다.

(2) 변량을 작은 값부터 크기순으로 나열하면

10, 12, 12, 15, 17, 19, 19, 19, 23, 24

변량의 개수가 짝수이므로 중앙값은 17과 19의 평균인

$\dfrac{17+19}{2}=18$이다.

19가 세 번으로 가장 많이 나타나므로 최빈값은 19이다.

2 (1) (평균)$=\dfrac{26+18+35+38+37+230}{6}=\dfrac{384}{6}=64\,(\mathrm{mm})$

(2) 변량을 작은 값부터 크기순으로 나열하면

18, 26, 35, 37, 38, 230

$\therefore$ (중앙값)$=\dfrac{35+37}{2}=36\,(\mathrm{mm})$

(3) 자료에 230 mm와 같이 다른 변량에 비해 매우 큰 극단적인 값이 있으므로 평균보다 중앙값이 대푯값으로 적절하다.

3 (1)

통학 시간

(0|5는 5분)

줄기	잎
0	5 8
1	2 5 6 6 8
2	0 1 4 5
3	0 2 3 3

(3) 통학 시간이 긴 학생의 통학 시간부터 차례로 나열하면

33분, 33분, 32분, 30분, 25분, 24분, ...이므로

통학 시간이 6번째로 긴 학생의 통학 시간은 24분이다.

4 (1) $6+5+7+4+2=24$(명)

(2) 나이가 가장 많은 주민의 나이는 57세이다.

(3) 나이가 20세 미만인 주민의 수는 줄기 1에 해당하는 잎의 개수와 같으므로 6이다.

6 (1) $2-0=4-2=\cdots=12-10=2$(회)

(3) 4회 이상 6회 미만인 학생 수: 10

6회 이상 8회 미만인 학생 수: 5

따라서 기록이 4회 이상 8회 미만인 학생은

$10+5=15$(명)

(4) 8회 이상 10회 미만인 학생 수: 4

10회 이상 12회 미만인 학생 수: 2

따라서 기록이 8회 이상인 학생은

$4+2=6$(명)

$\therefore \dfrac{6}{40}\times100=15(\%)$

7 (1) $45-40=50-45=\cdots=70-65=5\,(\mathrm{kg})$

(2) 45 kg 이상 50 kg 미만인 학생 수: 6

50 kg 이상 55 kg 미만인 학생 수: 10

따라서 몸무게가 45 kg 이상 55 kg 미만인 학생은

$6+10=16$(명)

(3) $3+6+10+12+8+1=40$(명)

(4) 55 kg 이상 60 kg 미만인 학생 수: 12

60 kg 이상 65 kg 미만인 학생 수: 8

따라서 몸무게가 55 kg 이상 65 kg 미만인 학생은

$12+8=20$(명)

$\therefore \dfrac{20}{40}\times100=50(\%)$

8 (3) 5만 원 이상 6만 원 미만인 학생 수: 4

6만 원 이상 7만 원 미만인 학생 수: 2

따라서 한 달 용돈이 5만 원 이상인 학생은

$4+2=6$(명)

(4) 반 전체 학생은 $6+11+12+9+4+2=44$(명)이고,

한 달 용돈이 2만 원 이상 3만 원 미만인 학생은 11명이므로

전체의 $\dfrac{11}{44}\times100=25(\%)$

9 180타 이상 200타 미만인 계급의 도수가 9명이고,

상대도수가 0.36이므로

(도수의 총합)$=\dfrac{9}{0.36}=25$(명)

10 (1) $C=\dfrac{2}{0.08}=25$

$A=25\times0.28=7$

$B=\dfrac{11}{25}=0.44$

(2) 도수가 가장 큰 계급은 240 mm 이상 250 mm 미만이므로 이 계급의 상대도수는 $B=0.44$

(3) 250 mm 이상 260 mm 미만, 260 mm 이상 270 mm 미만인 계급의 상대도수의 합은 $0.16+0.04=0.2$이다.

따라서 발 크기가 250 mm 이상 270 mm 미만인 학생은 전체의 $0.2\times100=20(\%)$

11 (1) 상대도수가 가장 작은 계급은 200 g 이상 220 g 미만이고, 이 계급의 상대도수는 0.04이므로 도수는

$50\times0.04=2$(개)

(3) 120 g 이상 140 g 미만, 140 g 이상 160 g 미만인 계급의 상대도수의 합은 $0.12+0.26=0.38$이다.

따라서 무게가 120 g 이상 160 g 미만인 감자는 전체의

$0.38\times100=38(\%)$

(4) 180 g 이상 200 g 미만, 200 g 이상 220 g 미만인 계급의 상대도수의 합은 $0.16+0.04=0.2$이다.

따라서 무게가 180 g 이상인 감자는

$50\times(0.16+0.04)=10$(개)

12 (1) 두 중학교에서 점수가 70점 이상 80점 미만, 80점 이상 90점 미만인 계급의 상대도수의 합은 각각

A중학교: $0.4+0.24=0.64$

B중학교: $0.32+0.4=0.72$

즉, 점수가 70점 이상 90점 미만인 학생의 비율은 B중학교가 더 높다.

(2) 두 중학교에서 점수가 50점 이상 60점 미만, 60점 이상 70점 미만인 계급의 상대도수의 합은 각각

A중학교: $0.08+0.16=0.24$

B중학교: $0.04+0.1=0.14$

즉, 점수가 70점 미만인 학생의 비율은 A중학교가 더 높다.

(3) B중학교에 대한 그래프가 A중학교에 대한 그래프보다 전체적으로 오른쪽으로 치우쳐 있으므로 수학 시험 점수는 B중학교가 A중학교보다 상대적으로 더 높다고 할 수 있다.

Ⅰ 기본 도형

2쪽~10쪽

1 (1) ① 8 ② 12 (2) ① 10 ② 15
2 (1) ○ (2) × (3) × (4) ○
3 ㄱ, ㄷ, ㄹ
4 ㄱ, ㄴ
5 $\overrightarrow{AB}$와 $\overrightarrow{AC}$, $\overrightarrow{BC}$와 $\overrightarrow{CB}$, $\overrightarrow{BC}$와 $\overrightarrow{CA}$, $\overrightarrow{CA}$와 $\overrightarrow{CB}$
6 (1) 4 cm (2) 2 cm (3) 6 cm
7 (1) 12 cm (2) 6 cm (3) 18 cm
8 (1) 8 cm (2) 16 cm (3) 12 cm
9 (1) ∠ADB(또는 ∠BDA)
   (2) ∠DBC(또는 ∠CBD)
10 (1) 둔각 (2) 평각 (3) 예각 (4) 직각
11 (1) 50° (2) 70° (3) 20°
12 (1) ∠EOD(또는 ∠DOE) (2) ∠AOF(또는 ∠FOA)
   (3) ∠FOD(또는 ∠DOF) (4) ∠COE(또는 ∠EOC)
13 (1) ∠x=30°, ∠y=50° (2) ∠x=45°, ∠y=75°
   (3) ∠x=35°, ∠y=55° (4) ∠x=48°, ∠y=60°
14 (1) ○ (2) ○ (3) × (4) ×
15 (1) ① 점 A ② 3 cm (2) ① 점 D ② 4.8 cm
16 (1) × (2) × (3) × (4) ○ (5) ○
17 (1) 점 A, 점 B (2) 점 C, 점 D
18 (1) $\overline{AB}$, $\overline{DC}$ (2) $\overline{AD}$
   (3) $\overline{AD}$, $\overline{BC}$ (4) $\overline{AB}$
19 ㄴ, ㄷ, ㄹ
20 (1) $\overline{AB}$, $\overline{CB}$, $\overline{AD}$, $\overline{CF}$ (2) $\overline{CF}$, $\overline{BE}$
   (3) $\overline{AD}$, $\overline{DF}$, $\overline{DE}$
21 (1) $\overline{AB}$, $\overline{DC}$, $\overline{AE}$, $\overline{DH}$ (2) $\overline{CG}$, $\overline{DH}$, $\overline{AE}$
   (3) $\overline{AE}$, $\overline{BF}$, $\overline{EH}$, $\overline{FG}$
22 ㄱ, ㄷ, ㅁ, ㅂ, ㅅ, ㅇ
23 (1) ○ (2) × (3) × (4) ○ (5) ○
24 (1) $\overline{BC}$, $\overline{BE}$, $\overline{EF}$, $\overline{CF}$ (2) $\overline{AD}$ (3) $\overline{BC}$, $\overline{EF}$
   (4) 면 ADFC, 면 BEFC (5) 면 ABC, 면 DEF
   (6) 면 ADEB (7) 면 BEFC
25 (1) $\overline{BC}$, $\overline{BF}$, $\overline{FG}$, $\overline{CG}$ (2) $\overline{AD}$, $\overline{EH}$, $\overline{AE}$, $\overline{DH}$
   (3) $\overline{AB}$, $\overline{DC}$, $\overline{EF}$, $\overline{HG}$ (4) 면 ABCD, 면 AEHD
   (5) 면 BFGC, 면 EFGH (6) 면 ABFE, 면 CGHD
   (7) 면 ABFE, 면 CGHD
26 (1) 면 ABC, 면 DEF, 면 ADEB, 면 CFEB
   (2) 면 ABC (3) $\overline{AC}$
27 (1) 면 ABCD, 면 EFGH, 면 BFGC, 면 AEHD
   (2) 면 DCGH (3) 면 BFGC, 면 CGHD
28 (1) ∠h (2) ∠b (3) ∠g (4) ∠b
29 ㄷ, ㄹ
30 (1) 125° (2) 55° (3) 70° (4) 110°
31 (1) 110° (2) 100° (3) 70° (4) 80°
32 (1) 120° (2) 55°
33 (1) ∠x=40°, ∠y=140° (2) ∠x=62°, ∠y=58°
   (3) ∠x=70°, ∠y=50° (4) ∠x=140°, ∠y=90°
   (5) ∠x=50°, ∠y=130°
34 (1) 100° (2) 82° (3) 37°
35 (1) $l /\!/ n$ (2) $l /\!/ m$ (3) $l /\!/ n$ (4) $m /\!/ n$, $p /\!/ q$

2 (2) 교점은 선과 선 또는 선과 면이 만나서 생긴다.
  (3) 선과 면이 만나면 교점이 생긴다.

6 (1) $\overline{AM}=\dfrac{1}{2}\overline{AB}=\dfrac{1}{2}\times8=4(\text{cm})$
  (2) $\overline{MN}=\dfrac{1}{2}\overline{MB}=\dfrac{1}{2}\overline{AM}$
      $=\dfrac{1}{2}\times4=2(\text{cm})$
  (3) $\overline{AN}=\overline{AM}+\overline{MN}=4+2=6(\text{cm})$

7 (1) $\overline{MB}=\dfrac{1}{2}\overline{AB}=\dfrac{1}{2}\times24=12(\text{cm})$
  (2) $\overline{NM}=\dfrac{1}{2}\overline{AM}=\dfrac{1}{2}\overline{MB}$
      $=\dfrac{1}{2}\times12=6(\text{cm})$
  (3) $\overline{NB}=\overline{NM}+\overline{MB}$
      $=6+12=18(\text{cm})$

8 (1) $\overline{MB}=\overline{AM}=2\overline{NM}=2\times4=8(\text{cm})$
  (2) $\overline{AB}=2\overline{MB}=2\times8=16(\text{cm})$
  (3) $\overline{NB}=\overline{NM}+\overline{MB}=4+8=12(\text{cm})$

11 (1) ∠x+130°=180°
      ∴ ∠x=180°−130°=50°
   (2) 45°+∠x+65°=180°
      ∴ ∠x=180°−(45°+65°)=70°
   (3) 70°+90°+∠x=180°
      ∴ ∠x=180°−(70°+90°)=20°

13 (3) ∠x=35°(맞꼭지각)
      ∠y+∠x+90°=180°이므로
      ∠y+35°+90°=180°
      ∴ ∠y=180°−(35°+90°)=55°
   (4) ∠x+72°=120°(맞꼭지각)
      ∴ ∠x=120°−72°=48°
      ∠y+120°=180°
      ∴ ∠y=180°−120°=60°

14 (3) 점 A에서 $\overleftrightarrow{CD}$에 내린 수선의 발은 점 O이다.
   (4) 점 D와 $\overleftrightarrow{AB}$ 사이의 거리는 $\overline{DO}$의 길이이다.

15 (1) ② 점 A와 $\overline{BC}$ 사이의 거리는 $\overline{AB}$의 길이이므로 3 cm이다.
   (2) ② 점 B와 $\overline{AC}$ 사이의 거리는 $\overline{BD}$의 길이이므로 4.8 cm이다.

16 (1) 점 A는 직선 l 위에 있지 않다.
   (2) 직선 m은 점 E를 지나지 않는다.
   (3) 직선 l은 점 D를 지난다.

23 (2) $\overleftrightarrow{DI}$ // $\overleftrightarrow{EJ}$

(3) $\overleftrightarrow{AB}$와 $\overleftrightarrow{CH}$는 꼬인 위치에 있다.

(5) 오른쪽 그림과 같이 $\overleftrightarrow{AE}$와 $\overleftrightarrow{CD}$는 한 점에서 만난다.

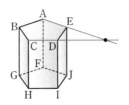

30 (1) $\angle a$의 동위각은 $\angle e$이므로

$\angle e = 125°$(맞꼭지각)

(2) $\angle b$의 동위각은 $\angle f$이므로

$\angle f = 180° - 125° = 55°$

(3) $\angle d$의 엇각은 $\angle b$이므로

$\angle b = 70°$(맞꼭지각)

(4) $\angle e$의 엇각은 $\angle c$이므로

$\angle c = 180° - 70° = 110°$

31 (1) $\angle a$의 동위각은 $\angle d$이므로

$\angle d = 110°$(맞꼭지각)

(3) $\angle b$의 엇각은 $\angle f$이므로

$\angle f = 180° - 110° = 70°$

(4) $\angle d$의 엇각은 $\angle c$이므로

$\angle c = 180° - 100° = 80°$

32 (1) 오른쪽 그림에서 l // m이므로

$\angle x = 70° + 50°$(엇각)

$= 120°$

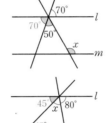

(2) 오른쪽 그림에서 l // m이므로

$45° + \angle x + 80° = 180°$

$\therefore \angle x = 180° - (45° + 80°)$

$= 55°$

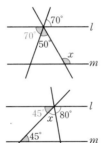

33 (1) l // m이므로 $\angle x = 40°$(동위각)

$\angle y + \angle x = 180°$이므로

$\angle y + 40° = 180°$

$\therefore \angle y = 180° - 40° = 140°$

(2) l // m이므로 $\angle x = 62°$(동위각)

$\angle x + \angle y = 120°$(엇각)이므로

$62° + \angle y = 120°$

$\therefore \angle y = 120° - 62° = 58°$

(3) 오른쪽 그림에서 l // m이므로

$\angle x = 70°$(동위각)

$70° + 60° + \angle y = 180°$

$\therefore \angle y = 180° - (70° + 60°) = 50°$

(4) 오른쪽 그림에서 l // m이므로

$\angle x + 40° = 180°$

$\therefore \angle x = 180° - 40° = 140°$

$40° + \angle y = 130°$(엇각)

$\therefore \angle y = 130° - 40° = 90°$

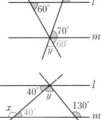

(5) 오른쪽 그림에서 l // m이므로

$72° + \angle x + 58° = 180°$

$\therefore \angle x = 180° - (72° + 58°) = 50°$

$\angle y + \angle x = 180°$이므로

$\angle y + 50° = 180°$

$\therefore \angle y = 180° - 50° = 130°$

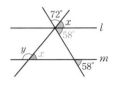

34 (1) 오른쪽 그림과 같이 l // m인 직선 n을 그으면

$\angle x = 35° + 65° = 100°$

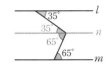

(2) 오른쪽 그림과 같이 l // m인 직선 n을 그으면

$\angle x = 32° + 50° = 82°$

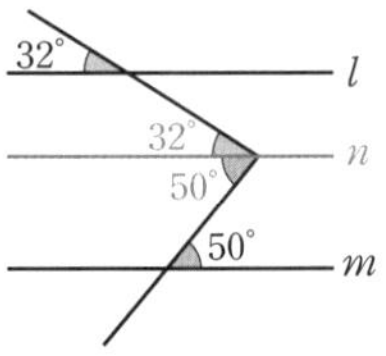

(3) 오른쪽 그림과 같이 l // m인 직선 n을 그으면

$\angle x + 45° = 82°$

$\therefore \angle x = 82° - 45° = 37°$

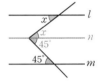

35 (1) 오른쪽 그림에서 두 직선 l, n은 동위각의 크기가 $105°$로 서로 같으므로 평행하다.

$\therefore l$ // n

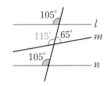

(2) 오른쪽 그림에서 두 직선 l, m은 동위각의 크기가 $120°$로 서로 같으므로 평행하다.

$\therefore l$ // m

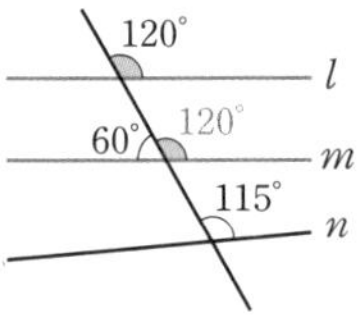

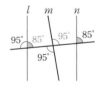

(3) 오른쪽 그림에서 두 직선 l, n은 동위각의 크기가 $85°$로 서로 같으므로 평행하다.

$\therefore l$ // n

(4) 오른쪽 그림에서 두 직선 m, n은 엇각의 크기가 $59°$로 서로 같으므로 평행하다.

$\therefore m$ // n

두 직선 p, q는 동위각의 크기가 $59°$로 서로 같으므로 평행하다.

$\therefore p$ // q

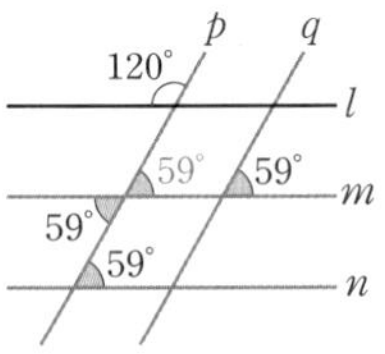

1 (1) ○ (2) × (3) ○ (4) ×

2 ㉢, ㉡

3 ㉠, ㉡, ㉢

4 ㄱ, ㄷ, ㅂ

5 (1) 12 cm (2) 9 cm (3) 65° (4) 70°

6 (1) × (2) × (3) ○ (4) ○ (5) × (6) ○

7 BC, c, b, 교점, C

8 ㉡, ㉠

9 B, a, C, c, A, C

10 ㉣, ㉠

11 a, B, C, $\overrightarrow{CQ}$

12 ㉢, ㉡

13 (1) × (2) ○ (3) ○ (4) × (5) ○ (6) ×

14 ㄴ, ㄷ, ㄹ

15 (1) 60° (2) 80° (3) 9 cm (4) 6 cm

16 (1) 100° (2) 110° (3) 5 cm (4) 4 cm

17 (1) △ABC≡△FDE (SSS 합동)

   (2) △GHI≡△KJL (ASA 합동)

   (3) △MNO≡△QPR (SAS 합동)

   (4) △STU≡△XWV (ASA 합동)

18 △ABC≡△QPR (SAS 합동),

   △DEF≡△LJK (ASA 합동),

   △GHI≡△NMO (SSS 합동)

19 (1) ○ (2) ○ (3) × (4) × (5) ○ (6) ○

---

1 (2) 두 점을 지나는 직선을 그릴 때 눈금 없는 자를 사용한다.
   (4) 작도할 때 각도기를 사용하지 않는다.

4 ㄱ. 점 D는 점 P를 중심으로 하고 반지름의 길이가 $\overline{OA}$인 원 위에 있으므로
   $\overline{OA}=\overline{PD}$
   ㄷ. 점 C는 점 D를 중심으로 하고 반지름의 길이가 $\overline{AB}$인 원 위에 있으므로
   $\overline{AB}=\overline{CD}$
   ㅂ. ∠CPQ는 ∠XOY와 크기가 같은 각이므로
   ∠AOB=∠CPQ

5 (1) ∠E의 대변은 $\overline{DF}$이므로 $\overline{DF}=12$ cm이다.
   (2) ∠F의 대변은 $\overline{DE}$이므로 $\overline{DE}=9$ cm이다.
   (3) $\overline{EF}$의 대각은 ∠D이므로 ∠D=65°이다.
   (4) $\overline{DF}$의 대각은 ∠E이므로 ∠E=70°이다.

6 (1) 8>2+4이므로 삼각형의 세 변의 길이가 될 수 없다.
   (2) 10>4+5이므로 삼각형의 세 변의 길이가 될 수 없다.
   (3) 14<7+8이므로 삼각형의 세 변의 길이가 될 수 있다.
   (4) 6<6+6이므로 삼각형의 세 변의 길이가 될 수 있다.
   (5) 12=2+10이므로 삼각형의 세 변의 길이가 될 수 없다.
   (6) 7<3+7이므로 삼각형의 세 변의 길이가 될 수 있다.

---

13 (1) 세 변의 길이가 주어졌지만 13>5+7이므로 △ABC를 만들 수 없다.
   (2) 두 변의 길이와 그 끼인각의 크기가 주어졌으므로 △ABC가 하나로 정해진다.
   (3) ∠B와 ∠C가 주어졌으므로
   ∠A=180°−(60°+50°)=70°
   따라서 $\overline{AC}$의 길이와 그 양 끝 각인 ∠A와 ∠C의 크기가 주어진 경우와 같으므로 △ABC가 하나로 정해진다.
   (4) 세 각의 크기가 주어지면 모양은 같고 크기가 다른 삼각형이 무수히 많이 그려진다.
   (5) 한 변의 길이와 그 양 끝 각의 크기가 주어졌으므로 △ABC가 하나로 정해진다.
   (6) ∠B는 $\overline{AB}$와 $\overline{AC}$의 끼인각이 아니므로 △ABC가 하나로 정해지지 않는다.

14 ㄱ. ∠B는 $\overline{AB}$와 $\overline{AC}$의 끼인각이 아니므로 △ABC가 하나로 정해지지 않는다.
   ㄴ. 한 변의 길이와 그 양 끝 각의 크기가 주어졌으므로 △ABC가 하나로 정해진다.
   ㄷ. 두 변의 길이와 그 끼인각의 크기가 주어졌으므로 △ABC가 하나로 정해진다.
   ㄹ. ∠B와 ∠C가 주어지면
   ∠A=180°−(∠B+∠C)
   따라서 한 변의 길이와 그 양 끝 각의 크기가 주어진 경우와 같으므로 △ABC가 하나로 정해진다.

15 (1) ∠B=∠E=60°
   (2) ∠D=∠A=80°
   (3) $\overline{BC}=\overline{EF}=9$ cm
   (4) $\overline{DE}=\overline{AB}=6$ cm

16 (1) ∠B=∠F=100°
   (2) ∠E=∠A=110°
   (3) $\overline{DC}=\overline{HG}=5$ cm
   (4) $\overline{HE}=\overline{DA}=4$ cm

17 (1) △ABC와 △FDE에서
   $\overline{AB}=\overline{FD}$, $\overline{BC}=\overline{DE}$, $\overline{AC}=\overline{FE}$
   즉, 대응하는 세 변의 길이가 각각 같다.
   ➡ △ABC≡△FDE(SSS 합동)
   (2) △GHI와 △KJL에서
   $\overline{GH}=\overline{KJ}$, ∠G=∠K, ∠H=∠J
   즉, 대응하는 한 변의 길이가 같고, 그 양 끝 각의 크기가 각각 같다.
   ➡ △GHI≡△KJL(ASA 합동)
   (3) △MNO와 △QPR에서
   $\overline{MN}=\overline{QP}$, $\overline{NO}=\overline{PR}$, ∠N=∠P
   즉, 대응하는 두 변의 길이가 각각 같고, 그 끼인각의 크기가 같다.
   ➡ △MNO≡△QPR(SAS 합동)
   (4) △STU와 △XWV에서
   $\overline{TU}=\overline{WV}$, ∠T=∠W, ∠U=∠V

즉, 대응하는 한 변의 길이가 같고, 그 양 끝 각의 크기가 각각 같다.

➡ △STU≡△XWV(ASA 합동)

18 △ABC와 △QPR에서
$\overline{AB}=\overline{QP}$, $\overline{BC}=\overline{PR}$, ∠B=∠P
즉, 대응하는 두 변의 길이가 각각 같고, 그 끼인각의 크기가 같다.

➡ △ABC≡△QPR(SAS 합동)

△DEF에서 ∠F=180°−(45°+75°)=60°

△DEF와 △LJK에서
$\overline{DF}=\overline{LK}$, ∠D=∠L, ∠F=∠K
즉, 대응하는 한 변의 길이가 같고, 그 양 끝 각의 크기가 각각 같다.

➡ △DEF≡△LJK(ASA 합동)

△GHI와 △NMO에서
$\overline{GH}=\overline{NM}$, $\overline{HI}=\overline{MO}$, $\overline{GI}=\overline{NO}$
즉, 대응하는 세 변의 길이가 각각 같다.

➡ △GHI≡△NMO(SSS 합동)

19 (3) 대응하는 두 변의 길이가 각각 같고, 그 끼인각이 아닌 다른 한 각의 크기가 같으므로 △ABC와 △DEF는 서로 합동이라고 할 수 없다.
(4) 대응하는 세 각의 크기가 각각 같다고 해서 △ABC와 △DEF가 서로 합동이라고 할 수 없다.
(6) ∠A=∠D, ∠C=∠F이므로
∠B=180°−(∠A+∠C)
=180°−(∠D+∠F)=∠E
이때 $\overline{AB}=\overline{DE}$이면 대응하는 한 변의 길이가 같고, 그 양 끝 각의 크기가 각각 같으므로 △ABC와 △DEF는 서로 합동이다.

II 평면도형   16쪽~24쪽

1	(1) 60°	(2) 100°			
2	(1) 90°	(2) 70°	(3) 85°	(4) 75°	
3	(1) 55°	(2) 65°	(3) 50°	(4) 42°	(5) 25°
4	(1) 130°	(2) 87°	(3) 72°		
5	(1) 115°	(2) 35°			
6	(1) 5	(2) 20	(3) 44	(4) 77	
7	(1) 육각형	(2) 구각형	(3) 십이각형	(4) 십오각형	
8	풀이 참조				
9	(1) 1440°	(2) 1620°	(3) 2520°	(4) 3420°	
10	(1) 구각형	(2) 십오각형			
11	(1) 100°	(2) 105°	(3) 125°	(4) 120°	
12	(1) 105°	(2) 70°	(3) 70°	(4) 75°	(5) 50°
13	(1) 115°	(2) 95°	(3) 55°	(4) 100°	(5) 95°
14	(1) 120°	(2) 140°	(3) 144°	(4) 162°	
15	(1) 60°	(2) 40°	(3) 36°	(4) 18°	
16	풀이 참조				
17	(1) ∠BOC	(2) $\overarc{AB}$	(3) ∠AOB		
18	(1) 12	(2) 3	(3) 12	(4) 45	(5) 75
19	(1) 16	(2) 35	(3) 8	(4) 22	(5) 100
20	(1) 55	(2) 7			
21	(1) ○	(2) ○	(3) ○	(4) ×	(5) ○

22 (1) ① 10π cm ② 25π cm² (2) ① 18π cm ② 81π cm²
(3) ① 22π cm ② 121π cm² (4) ① 20π cm ② 100π cm²

23 (1) ① 2π cm ② 8π cm² (2) ① 5π cm ② 25π cm²
(3) ① 10π cm ② 60π cm²

24 (1) 135° (2) 45°   25 (1) 18 cm (2) 8 cm
26 (1) 9π cm²   (2) 15π cm²
27 (1) 6π cm   (2) 14 cm
28 (1) $(2\pi+8)$ cm (2) $(10\pi+10)$ cm (3) $(4\pi+16)$ cm
29 (1) 15π cm²   (2) 18π cm²   (3) $(32\pi-64)$ cm²

1 (1) ∠B의 외각의 크기가 120°이므로
(∠B의 내각의 크기)+120°=180°
∴ (∠B의 내각의 크기)=60°
(2) ∠C의 내각의 크기가 80°이므로
80°+(∠C의 외각의 크기)=180°
∴ (∠C의 외각의 크기)=100°

2 (1) ∠A의 내각의 크기가 90°이므로
90°+(∠A의 외각의 크기)=180°
∴ (∠A의 외각의 크기)=90°
(2) ∠B의 내각의 크기가 110°이므로
110°+(∠B의 외각의 크기)=180°
∴ (∠B의 외각의 크기)=70°
(3) ∠C의 외각의 크기가 95°이므로
(∠C의 내각의 크기)+95°=180°
∴ (∠C의 내각의 크기)=85°
(4) ∠D의 외각의 크기가 105°이므로
(∠D의 내각의 크기)+105°=180°
∴ (∠D의 내각의 크기)=75°

30 정답과 해설

3 (1) $85°+\angle x+40°=180°$
　　$\therefore \angle x=180°-(85°+40°)=55°$
(2) $69°+46°+\angle x=180°$
　　$\therefore \angle x=180°-(69°+46°)=65°$
(3) $\angle x+90°+40°=180°$
　　$\therefore \angle x=180°-(90°+40°)=50°$
(4) $\angle x+100°+38°=180°$
　　$\therefore \angle x=180°-(100°+38°)=42°$
(5) $40°+115°+\angle x=180°$
　　$\therefore \angle x=180°-(40°+115°)=25°$

4 (1) $\angle x=70°+60°=130°$
(2) $\angle x=55°+32°=87°$
(3) $63°+\angle x=135°$
　　$\therefore \angle x=135°-63°=72°$

5 (1)
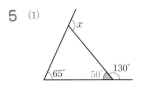
➡ $\angle x=65°+50°=115°$

(2)
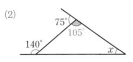
➡ $105°+\angle x=140°$
　　$\therefore \angle x=140°-105°=35°$

6 (1) $\dfrac{5\times(5-3)}{2}=5$
(2) $\dfrac{8\times(8-5)}{2}=20$
(3) $\dfrac{11\times(11-3)}{2}=44$
(4) $\dfrac{14\times(14-3)}{2}=77$

7 (1) 구하는 다각형을 n각형이라고 하면
　　$\dfrac{n(n-3)}{2}=9$
　　$n(n-3)=18=6\times3$
　　$\therefore n=6$
　　즉, 육각형이다.
(2) 구하는 다각형을 n각형이라고 하면
　　$\dfrac{n(n-3)}{2}=27$
　　$n(n-3)=54=9\times6$
　　$\therefore n=9$
　　즉, 구각형이다.
(3) 구하는 다각형을 n각형이라고 하면
　　$\dfrac{n(n-3)}{2}=54$
　　$n(n-3)=108=12\times9$
　　$\therefore n=12$
　　즉, 십이각형이다.

(4) 구하는 다각형을 n각형이라고 하면
　　$\dfrac{n(n-3)}{2}=90$
　　$n(n-3)=180=15\times12$
　　$\therefore n=15$
　　즉, 십오각형이다.

8

다각형	한 꼭짓점에서 대각선을 모두 그었을 때 생기는 삼각형의 개수	내각의 크기의 합
오각형	3	$180°\times3=540°$
육각형	4	$180°\times4=720°$
칠각형	5	$180°\times5=900°$
팔각형	6	$180°\times6=1080°$
⋮	⋮	⋮
n각형	$n-2$	$180°\times(n-2)$

9 (1) $180°\times(10-2)=1440°$
(2) $180°\times(11-2)=1620°$
(3) $180°\times(16-2)=2520°$
(4) $180°\times(21-2)=3420°$

10 (1) 구하는 다각형을 n각형이라고 하면
　　$180°\times(n-2)=1260°$
　　$n-2=7$
　　$\therefore n=9$, 즉 구각형이다.
(2) 구하는 다각형을 n각형이라고 하면
　　$180°\times(n-2)=2340°$
　　$n-2=13$
　　$\therefore n=15$, 즉 십오각형이다.

11 (1) $85°+\angle x+105°+70°=360°$
　　$\therefore \angle x=360°-(85°+105°+70°)$
　　　　$=360°-260°$
　　　　$=100°$
(2) $80°+\angle x+130°+110°+115°=540°$
　　$\therefore \angle x=540°-(80°+130°+110°+115°)$
　　　　$=540°-435°$
　　　　$=105°$
(3) $85°+\angle x+105°+100°+125°=540°$
　　$\therefore \angle x=540°-(85°+105°+100°+125°)$
　　　　$=540°-415°$
　　　　$=125°$
(4) $100°+140°+130°+110°+\angle x+120°=720°$
　　$\therefore \angle x=720°-(100°+140°+130°+110°+120°)$
　　　　$=720°-600°$
　　　　$=120°$

12 (1) $\angle x+125°+130°=360°$
　　$\therefore \angle x=360°-(125°+130°)$
　　　　$=360°-255°$
　　　　$=105°$

(2) $\angle x + 80° + 100° + 110° = 360°$

$\therefore \angle x = 360° - (80° + 100° + 110°)$

$\qquad = 360° - 290°$

$\qquad = 70°$

(3) $80° + 90° + 85° + 35° + \angle x = 360°$

$\therefore \angle x = 360° - (80° + 90° + 85° + 35°)$

$\qquad = 360° - 290°$

$\qquad = 70°$

(4) $80° + 50° + 70° + \angle x + 85° = 360°$

$\therefore \angle x = 360° - (80° + 50° + 70° + 85°)$

$\qquad = 360° - 285°$

$\qquad = 75°$

(5) $55° + \angle x + 70° + 60° + 65° + 60° = 360°$

$\therefore \angle x = 360° - (55° + 70° + 60° + 65° + 60°)$

$\qquad = 360° - 310°$

$\qquad = 50°$

13 (1)

$\angle x + 135° + 110° = 360°$

$\therefore \angle x = 360° - (135° + 110°)$

$\qquad = 360° - 245°$

$\qquad = 115°$

(2)

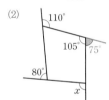

$110° + 80° + \angle x + 75° = 360°$

$\therefore \angle x = 360° - (110° + 80° + 75°)$

$\qquad = 360° - 265°$

$\qquad = 95°$

(3)

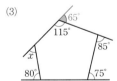

$\angle x + 80° + 75° + 85° + 65° = 360°$

$\therefore \angle x = 360° - (80° + 75° + 85° + 65°)$

$\qquad = 360° - 305°$

$\qquad = 55°$

(4)

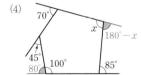

$70° + 45° + 80° + 85° + (180° - \angle x) = 360°$

$460° - \angle x = 360°$

$\therefore \angle x = 460° - 360° = 100°$

(5)

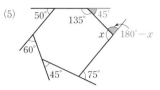

$50° + 60° + 45° + 75° + (180° - \angle x) + 45° = 360°$

$455° - \angle x = 360°$

$\therefore \angle x = 455° - 360° = 95°$

14 (1) $\dfrac{180° \times (6-2)}{6} = 120°$

(2) $\dfrac{180° \times (9-2)}{9} = 140°$

(3) $\dfrac{180° \times (10-2)}{10} = 144°$

(4) $\dfrac{180° \times (20-2)}{20} = 162°$

15 (1) $\dfrac{360°}{6} = 60°$

(2) $\dfrac{360°}{9} = 40°$

(3) $\dfrac{360°}{10} = 36°$

(4) $\dfrac{360°}{20} = 18°$

16 (1)

(2)

(3)

18 (1) $3 : x = 30° : 120°$

$\quad 3 : x = 1 : 4 \qquad \therefore x = 12$

(2) $9 : x = 150° : 50°$

$\quad 9 : x = 3 : 1$

$\quad 3x = 9 \qquad \therefore x = 3$

(3) $16 : x = 120° : 90°$

$\quad 16 : x = 4 : 3$

$\quad 4x = 48 \qquad \therefore x = 12$

(4) $5 : 15 = x° : 135°$

$\quad 1 : 3 = x : 135$

$\quad 3x = 135 \qquad \therefore x = 45$

(5) $6 : 8 = x° : 100°$

$\quad 3 : 4 = x : 100$

$\quad 4x = 300 \qquad \therefore x = 75$

19 (1) $4:x=40°:160°$, $4:x=1:4$
$\qquad \therefore x=16$
(2) $5:x=30°:210°$, $5:x=1:7$
$\qquad \therefore x=35$
(3) $20:x=150°:60°$, $20:x=5:2$
$\qquad 5x=40 \qquad \therefore x=8$
(4) $27:9=66°:x°$, $3:1=66:x$
$\qquad 3x=66 \qquad \therefore x=22$
(5) $15:9=x°:60°$, $5:3=x:60$
$\qquad 3x=300 \qquad \therefore x=100$

21 (4) 현의 길이는 중심각의 크기에 정비례하지 않는다.
$\qquad \therefore \overline{AC}<2\overline{AB}$

22 (1) ① $l=2\pi\times5=10\pi\,(\text{cm})$
$\qquad$ ② $S=\pi\times5^2=25\pi\,(\text{cm}^2)$
(2) ① $l=2\pi\times9=18\pi\,(\text{cm})$
$\qquad$ ② $S=\pi\times9^2=81\pi\,(\text{cm}^2)$
(3) ① $l=2\pi\times11=22\pi\,(\text{cm})$
$\qquad$ ② $S=\pi\times11^2=121\pi\,(\text{cm}^2)$
(4) 반지름의 길이가 $10\,\text{cm}$이므로
$\qquad$ ① $l=2\pi\times10=20\pi\,(\text{cm})$
$\qquad$ ② $S=\pi\times10^2=100\pi\,(\text{cm}^2)$

23 (1) ① $l=2\pi\times8\times\dfrac{45}{360}=2\pi\,(\text{cm})$
$\qquad$ ② $S=\pi\times8^2\times\dfrac{45}{360}=8\pi\,(\text{cm}^2)$
(2) ① $l=2\pi\times10\times\dfrac{90}{360}=5\pi\,(\text{cm})$
$\qquad$ ② $S=\pi\times10^2\times\dfrac{90}{360}=25\pi\,(\text{cm}^2)$
(3) ① $l=2\pi\times12\times\dfrac{150}{360}=10\pi\,(\text{cm})$
$\qquad$ ② $S=\pi\times12^2\times\dfrac{150}{360}=60\pi\,(\text{cm}^2)$

24 (1) 부채꼴의 중심각의 크기를 $x°$라고 하면
$\qquad 2\pi\times4\times\dfrac{x}{360}=3\pi \qquad \therefore x=135$
$\qquad$ 따라서 부채꼴의 중심각의 크기는 $135°$이다.
(2) 부채꼴의 중심각의 크기를 $x°$라고 하면
$\qquad \pi\times12^2\times\dfrac{x}{360}=18\pi \qquad \therefore x=45$
$\qquad$ 따라서 부채꼴의 중심각의 크기는 $45°$이다.

25 (1) 부채꼴의 반지름의 길이를 $r\,\text{cm}$라고 하면
$\qquad 2\pi\times r\times\dfrac{50}{360}=5\pi \qquad \therefore r=18$
$\qquad$ 따라서 부채꼴의 반지름의 길이는 $18\,\text{cm}$이다.
(2) 부채꼴의 반지름의 길이를 $r\,\text{cm}$라고 하면
$\qquad \pi\times r^2\times\dfrac{135}{360}=24\pi$, $r^2=64$
$\qquad \therefore r=8\,(\because r>0)$
$\qquad$ 따라서 부채꼴의 반지름의 길이는 $8\,\text{cm}$이다.

26 (1) $\dfrac{1}{2}\times6\times3\pi=9\pi\,(\text{cm}^2)$
(2) $\dfrac{1}{2}\times5\times6\pi=15\pi\,(\text{cm}^2)$

27 (1) 부채꼴의 호의 길이를 $l\,\text{cm}$라 하면
$\qquad \dfrac{1}{2}\times8\times l=24\pi$
$\qquad \therefore l=6\pi\,(\text{cm})$
(2) 부채꼴의 반지름의 길이를 $r\,\text{cm}$라 하면
$\qquad \dfrac{1}{2}\times r\times13\pi=91\pi$
$\qquad \therefore r=14\,(\text{cm})$

28 (1)
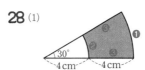
$\qquad$ ❶ $2\pi\times8\times\dfrac{30}{360}=\dfrac{4}{3}\pi\,(\text{cm})$
$\qquad$ ❷ $2\pi\times4\times\dfrac{30}{360}=\dfrac{2}{3}\pi\,(\text{cm})$
$\qquad$ ❸ $4\times2=8\,(\text{cm})$
$\qquad$ ➡ (색칠한 부분의 둘레의 길이)$=(2\pi+8)\,\text{cm}$

(2)
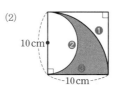
$\qquad$ ❶ $2\pi\times10\times\dfrac{90}{360}=5\pi\,(\text{cm})$
$\qquad$ ❷ $2\pi\times5\times\dfrac{1}{2}=5\pi\,(\text{cm})$
$\qquad$ ❸ $10\,\text{cm}$
$\qquad$ ➡ (색칠한 부분의 둘레의 길이)$=(10\pi+10)\,\text{cm}$

(3)
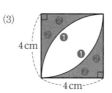
$\qquad$ ❶ $\left(2\pi\times4\times\dfrac{90}{360}\right)\times2=4\pi\,(\text{cm})$
$\qquad$ ❷ $4\times4=16\,(\text{cm})$
$\qquad$ ➡ (색칠한 부분의 둘레의 길이)$=(4\pi+16)\,\text{cm}$

29 (1) (색칠한 부분의 넓이)
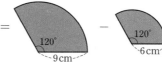
$\qquad =\pi\times9^2\times\dfrac{120}{360}-\pi\times6^2\times\dfrac{120}{360}$
$\qquad =27\pi-12\pi$
$\qquad =15\pi\,(\text{cm}^2)$

(2) (색칠한 부분의 넓이)

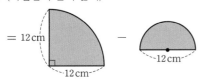

$$=\pi\times12^2\times\frac{90}{360}-\pi\times6^2\times\frac{1}{2}$$
$$=36\pi-18\pi$$
$$=18\pi(\mathrm{cm}^2)$$

(3) (색칠한 부분의 넓이)

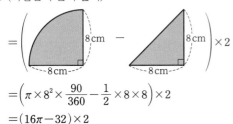

$$=\left(\pi\times8^2\times\frac{90}{360}-\frac{1}{2}\times8\times8\right)\times2$$
$$=(16\pi-32)\times2$$
$$=32\pi-64(\mathrm{cm}^2)$$

1 (1) 6　　　(2) 육면체　　(3) 12　　(4) 8
2 (1) ㄱ, ㄴ, ㄹ, ㅁ　(2) ㄴ, ㄹ　(3) ㅁ　(4) ㄱ, ㅁ
3 풀이 참조
4 (1) ㄱ, ㄴ, ㄷ, ㅁ　(2) ㄹ, ㅂ　(3) ㄷ, ㄹ　(4) ㄱ, ㅁ
5 (1) ◯　(2) ×　(3) ×　(4) ×
6 (1) 정사면체　　(2) 정육면체
7 그림은 풀이 참조　(1) 점 E　(2) $\overline{\mathrm{ED}}$　(3) $\overline{\mathrm{CF}}$
8 (1) 정팔면체　(2) 점 D　(3) $\overline{\mathrm{GF}}$
9 (1) ◯　(2) ×　(3) ◯　(4) ×
10 풀이 참조
11 풀이 참조
12 (1) ×　(2) ◯　(3) ×
13 풀이 참조
14 (1) $a=4$, $b=5$　(2) $a=10$, $b=6$　(3) $a=5$, $b=10$
15 (1) 72 cm²　(2) 52 cm²　(3) 184 cm²　(4) 80π cm²
16 (1) 15 cm³　(2) 90 cm³　(3) 80π cm³　(4) 210π cm³
17 (1) 125 cm²　(2) 132π cm²
18 (1) 224 cm²　(2) 320π cm²
19 (1) 56 cm³　(2) 12 cm³　(3) 48π cm³
　　(4) 180π cm³
20 (1) 105 cm³　(2) 93 cm³　(3) 104π cm³
　　(4) 285π cm³
21 (1) 16π cm²　(2) 196π cm²
22 (1) 48π cm²　(2) 300π cm²
23 (1) 36π cm³　(2) 288π cm³
24 (1) 486π cm³　(2) $\dfrac{1024}{3}\pi$ cm³

2 (2) ㄱ. 면의 개수 ➡ 5
　　　ㄴ. 면의 개수 ➡ 7
　　　ㄹ. 면의 개수 ➡ 7
　　　ㅁ. 면의 개수 ➡ 6
　(4) ㄱ. 꼭짓점의 개수 ➡ 6
　　　ㄴ. 꼭짓점의 개수 ➡ 10
　　　ㄹ. 꼭짓점의 개수 ➡ 10
　　　ㅁ. 꼭짓점의 개수 ➡ 6

3

다면체			
이름	삼각기둥	삼각뿔	삼각뿔대
밑면의 개수	2	1	2
밑면의 모양	삼각형	삼각형	삼각형
옆면의 모양	직사각형	삼각형	사다리꼴

4 (1) 밑면의 개수가 2인 다면체는 각기둥과 각뿔대이므로 ㄱ, ㄴ, ㄷ, ㅁ이다.
　(2) 옆면의 모양이 삼각형인 다면체는 각뿔이므로 ㄹ, ㅂ이다.
　(4) 옆면의 모양이 직사각형이 아닌 사다리꼴인 다면체는 각뿔대이므로 ㄱ, ㅁ이다.

5 ⑵ 모든 면이 합동인 정다각형이고, 각 꼭짓점에 모인 면의 개수가 같은 다면체를 정다면체라고 한다.

⑶ 정다면체 중에서 한 꼭짓점에 모인 면의 개수가 4인 정다면체는 정팔면체이다.

⑷ 정다면체의 각 면의 모양은 정삼각형, 정사각형, 정오각형뿐이다.

6 ⑴ (가) 각 면이 모두 합동인 정삼각형
➡ 정사면체, 정팔면체, 정이십면체
(나) 이 중에서 한 꼭짓점에 모인 면의 개수가 3 ➡ 정사면체
따라서 구하는 정다면체는 정사면체이다.

⑵ (가) 한 꼭짓점에 모인 면의 개수가 3
➡ 정사면체, 정육면체, 정십이면체
(나) 이 중에서 모서리의 개수가 12 ➡ 정육면체
따라서 구하는 정다면체는 정육면체이다.

7

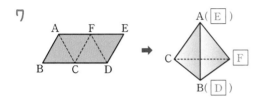

8

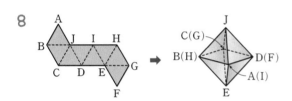

10 ⑴　　　　　　⑵

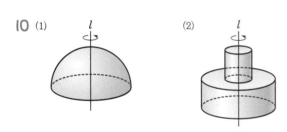

11

회전체	회전축에 수직인 평면으로 자른 단면	회전축을 포함하는 평면으로 자른 단면

12 ⑴ 직사각형의 한 변을 회전축으로 하여 1회전 시키면 원기둥이 된다.

⑶ 원뿔대를 회전축을 포함하는 평면으로 자를 때 생기는 단면의 모양은 사다리꼴이다.

13

회전체	전개도
원기둥	
원뿔	
원뿔대	

15 ⑴ (밑넓이)$=\dfrac{1}{2}\times 3\times 4=6(\mathrm{cm}^2)$

(옆넓이)$=(3+4+5)\times 5=60(\mathrm{cm}^2)$

$\therefore$ (겉넓이)$=6\times 2+60=72(\mathrm{cm}^2)$

⑵ (밑넓이)$=2\times 3=6(\mathrm{cm}^2)$

(옆넓이)$=(2+3+2+3)\times 4=40(\mathrm{cm}^2)$

$\therefore$ (겉넓이)$=6\times 2+40=52(\mathrm{cm}^2)$

⑶ (밑넓이)$=\dfrac{1}{2}\times (4+7)\times 4=22(\mathrm{cm}^2)$

(옆넓이)$=(4+4+7+5)\times 7=140(\mathrm{cm}^2)$

$\therefore$ (겉넓이)$=22\times 2+140=184(\mathrm{cm}^2)$

⑷ (밑넓이)$=\pi\times 4^2=16\pi(\mathrm{cm}^2)$

(옆넓이)$=(2\pi\times 4)\times 6=48\pi(\mathrm{cm}^2)$

$\therefore$ (겉넓이)$=16\pi\times 2+48\pi=80\pi(\mathrm{cm}^2)$

16 ⑴ (밑넓이)$=\dfrac{1}{2}\times 2\times 3=3(\mathrm{cm}^2)$

(높이)$=5\,\mathrm{cm}$

$\therefore$ (부피)$=3\times 5=15(\mathrm{cm}^3)$

⑵ (밑넓이)$=\dfrac{1}{2}\times 6\times 2+\dfrac{1}{2}\times 6\times 3=15(\mathrm{cm}^2)$

(높이)$=6\,\mathrm{cm}$

$\therefore$ (부피)$=15\times 6=90(\mathrm{cm}^3)$

⑶ (밑넓이)$=\pi\times 4^2=16\pi(\mathrm{cm}^2)$

(높이)$=5\,\mathrm{cm}$

$\therefore$ (부피)$=16\pi\times 5=80\pi(\mathrm{cm}^3)$

⑷ (큰 원기둥의 부피)$=\pi\times 5^2\times 10=250\pi(\mathrm{cm}^3)$

(작은 원기둥의 부피)$=\pi\times 2^2\times 10=40\pi(\mathrm{cm}^3)$

$\therefore$ (구멍이 뚫린 입체도형의 부피)$=250\pi-40\pi$

$=210\pi(\mathrm{cm}^3)$

17 (1) (밑넓이)$=5\times5=25(\text{cm}^2)$

(옆넓이)$=\left(\dfrac{1}{2}\times5\times10\right)\times4=100(\text{cm}^2)$

∴ (겉넓이)$=25+100=125(\text{cm}^2)$

(2) (밑넓이)$=\pi\times6^2=36\pi(\text{cm}^2)$

(옆넓이)$=\dfrac{1}{2}\times16\times(2\pi\times6)=96\pi(\text{cm}^2)$

∴ (겉넓이)$=36\pi+96\pi=132\pi(\text{cm}^2)$

18 (1) (두 밑면의 넓이의 합)$=4\times4+8\times8=80(\text{cm}^2)$

(옆넓이)$=\dfrac{1}{2}\times(4+8)\times6\times4=144(\text{cm}^2)$

∴ (겉넓이)$=80+144=224(\text{cm}^2)$

(2) (두 밑면의 넓이의 합)$=\pi\times5^2+\pi\times10^2=125\pi(\text{cm}^2)$

(옆넓이)$=\dfrac{1}{2}\times(13+13)\times(2\pi\times10)-\dfrac{1}{2}\times13\times(2\pi\times5)$

$=195\pi(\text{cm}^2)$

∴ (겉넓이)$=125\pi+195\pi=320\pi(\text{cm}^2)$

19 (1) (밑넓이)$=6\times4=24(\text{cm}^2)$

(높이)$=7\,\text{cm}$

∴ (부피)$=\dfrac{1}{3}\times24\times7=56(\text{cm}^3)$

(2) (밑넓이)$=\dfrac{1}{2}\times4\times3=6(\text{cm}^2)$

(높이)$=6\,\text{cm}$

∴ (부피)$=\dfrac{1}{3}\times6\times6=12(\text{cm}^3)$

(3) (밑넓이)$=\pi\times4^2=16\pi(\text{cm}^2)$

(높이)$=9\,\text{cm}$

∴ (부피)$=\dfrac{1}{3}\times16\pi\times9=48\pi(\text{cm}^3)$

(4) (밑넓이)$=\pi\times6^2=36\pi(\text{cm}^2)$

(높이)$=15\,\text{cm}$

∴ (부피)$=\dfrac{1}{3}\times36\pi\times15=180\pi(\text{cm}^3)$

20 (1) (큰 뿔의 부피)$=\dfrac{1}{3}\times(6\times6)\times(5+5)$

$=120(\text{cm}^3)$

(작은 뿔의 부피)$=\dfrac{1}{3}\times(3\times3)\times5$

$=15(\text{cm}^3)$

∴ (사각뿔대의 부피)$=120-15=105(\text{cm}^3)$

(2) (큰 뿔의 부피)$=\dfrac{1}{3}\times(7\times7)\times(4+3)$

$=\dfrac{343}{3}(\text{cm}^3)$

(작은 뿔의 부피)$=\dfrac{1}{3}\times(4\times4)\times4$

$=\dfrac{64}{3}(\text{cm}^3)$

∴ (사각뿔대의 부피)$=\dfrac{343}{3}-\dfrac{64}{3}$

$=93(\text{cm}^3)$

(3) (큰 뿔의 부피)$=\dfrac{1}{3}\times(\pi\times6^2)\times(3+6)$

$=108\pi(\text{cm}^3)$

(작은 뿔의 부피)$=\dfrac{1}{3}\times(\pi\times2^2)\times3$

$=4\pi(\text{cm}^3)$

∴ (원뿔대의 부피)$=108\pi-4\pi$

$=104\pi(\text{cm}^3)$

(4) (큰 뿔의 부피)$=\dfrac{1}{3}\times(\pi\times9^2)\times(10+5)$

$=405\pi(\text{cm}^3)$

(작은 뿔의 부피)$=\dfrac{1}{3}\times(\pi\times6^2)\times10$

$=120\pi(\text{cm}^3)$

∴ (원뿔대의 부피)$=405\pi-120\pi$

$=285\pi(\text{cm}^3)$

21 (1) (겉넓이)$=4\pi\times2^2=16\pi(\text{cm}^2)$

(2) (겉넓이)$=4\pi\times7^2=196\pi(\text{cm}^2)$

22 (1) (겉넓이)$=\dfrac{1}{2}\times(4\pi\times4^2)+\pi\times4^2$

$=48\pi(\text{cm}^2)$

(2) (겉넓이)$=\dfrac{1}{2}\times(4\pi\times10^2)+\pi\times10^2$

$=300\pi(\text{cm}^2)$

23 (1) (부피)$=\dfrac{4}{3}\pi\times3^3=36\pi(\text{cm}^3)$

(2) (부피)$=\dfrac{4}{3}\pi\times6^3=288\pi(\text{cm}^3)$

24 (1) (부피)$=\dfrac{1}{2}\times\left(\dfrac{4}{3}\pi\times9^3\right)=486\pi(\text{cm}^3)$

(2) (부피)$=\dfrac{1}{2}\times\left(\dfrac{4}{3}\pi\times8^3\right)=\dfrac{1024}{3}\pi(\text{cm}^3)$

1 (1) 20 (2) 9 (3) 26 (4) 54.5
2 (1) 15 (2) 11
3 (1) 1 (2) 10, 35 (3) 170
4 바이올린
5 3급, 6급
6 (1) 17회 (2) 19회 (3) 27회
7 (1) 23.5분 (2) 22분 (3) 12분, 24분
8 (1) 41개 (2) 45개 (3) 43개 (4) 중앙값
9 (1) 9.25파운드 (2) 9.5파운드 (3) 10파운드 (4) 최빈값
10 줄기와 잎 그림은 풀이 참조
　(1) 6 (2) 0, 2, 3, 5, 8 (3) 20명 (4) 4명
11 (1) 2 (2) 0, 1, 2, 3, 4, 8 (3) 20명 (4) 6명
　(5) 37권, 3권
12 도수분포표는 풀이 참조
　(1) 5 (2) 5분 (3) 30분 이상 35분 미만 (4) 12명
13 (1) 6 (2) 2 (3) 20회 이상 30회 미만 (4) 10명
　(5) 15 %
14 풀이 참조
15 (1) 4시간 (2) 5 (3) 14시간 이상 18시간 미만 (4) 30명
16 (1) × (2) ○ (3) ○ (4) × (5) ○ (6) ○
17 풀이 참조
18 (1) 4시간 (2) 5 (3) 35명 (4) 2명
19 (1) ○ (2) × (3) × (4) × (5) ○ (6) ○
20 0.12, 0.28, 0.32, 0.2, 0.08, 1
21 (1) 20 % (2) 30 % (3) 35 %
22 8, 12, 10, 6, 40
23 (1) 50 (2) 9 (3) 0.18 (4) 0.06 (5) 1
24 풀이 참조
25 풀이 참조
26 (1) 70점 이상 80점 미만 (2) 64명 (3) 44명 (4) 18 %
　(5) 104명
27 (1) A반 (2) B반 (3) 15명 (4) 8명 (5) B반
28 (1) ○ (2) × (3) × (4) ○ (5) ○

1 (1) 변량을 작은 값부터 크기순으로 나열하면
　5, 15, ⑳, 22, 36
　변량의 개수가 홀수이므로 중앙값은 20이다.
　(2) 변량을 작은 값부터 크기순으로 나열하면
　4, 7, ⑧, ⑩, 14, 17
　변량의 개수가 짝수이므로 중앙값은 8과 10의 평균인
　$\dfrac{8+10}{2}=9$이다.
　(3) 변량을 작은 값부터 크기순으로 나열하면
　19, 21, 24, ㉖, 27, 27, 30
　변량의 개수가 홀수이므로 중앙값은 26이다.
　(4) 변량을 작은 값부터 크기순으로 나열하면
　53, 54, 54, ㉝, ㉟, 58, 59, 60
　변량의 개수가 짝수이므로 중앙값은 54와 55의 평균인
　$\dfrac{54+55}{2}=54.5$이다.

2 (1) (중앙값) $=\dfrac{10+x}{2}=12.5$이므로
　$10+x=25$ ∴ $x=15$
　(2) (중앙값) $=\dfrac{x+17}{2}=14$이므로
　$x+17=28$ ∴ $x=11$

3 (1) 2, ①, 7, 3, ①, 7, 6, ①, 5
　1이 세 번으로 가장 많이 나타나므로 최빈값은 1이다.
　(2) ⑩, 30, ㉟, 40, ㉟, ⑩, 45, 25
　10, 35가 각각 두 번씩 가장 많이 나타나므로 최빈값은 10, 35이다.
　(3) 155, 150, 165, 145, ⑰⑩, 160, ⑰⑩
　170이 두 번으로 가장 많이 나타나므로 최빈값은 170이다.

4 바이올린이 17명으로 가장 많이 나타나므로 최빈값은 바이올린이다.

5 3급, 6급이 각각 8명씩 가장 많이 나타나므로 최빈값은 3급, 6급이다.

6 (1) (평균) $=\dfrac{27+29+1+12+9+3+19+14+19+27+27}{11}$
　$=\dfrac{187}{11}=17$(회)
　(2), (3) 변량을 작은 값부터 크기순으로 나열하면
　1, 3, 9, 12, 14, ⑲, 19, 27, 27, 27, 29
　변량의 개수가 홀수이므로 중앙값은 19회이다.
　27회가 세 번으로 가장 많이 나타나므로 최빈값은 27회이다.

7 (1) (평균) $=\dfrac{12+16+20+24+40+33+12+13+41+24}{10}$
　$=\dfrac{235}{10}=23.5$(분)
　(2), (3) 변량을 작은 값부터 크기순으로 나열하면
　12, 12, 13, 16, ⑳, ㉔, 24, 33, 40, 41
　변량의 개수가 짝수이므로 중앙값은 20과 24의 평균인
　$\dfrac{20+24}{2}=22$(분)이다.
　12분, 24분이 각각 두 번씩 가장 많이 나타나므로 최빈값은 12분, 24분이다.

8 (1) (평균) $=\dfrac{50+43+39+4+46+51+43+45+48}{9}$
　$=\dfrac{369}{9}=41$(개)
　(2), (3) 변량을 작은 값부터 크기순으로 나열하면
　4, 39, ㊸, ㊸, ㊺, 46, 48, 50, 51
　변량의 개수가 홀수이므로 중앙값은 45개이다.
　43개가 두 번으로 가장 많이 나타나므로 최빈값은 43개이다.
　(4) 자료에 4개와 같은 다른 변량에 비해 매우 작은 극단적인 값이 있으므로 평균보다 중앙값이 대푯값으로 적절하다.

9 (1) (평균) $=\dfrac{7+9+10+6+8+13+10+9+8+10+11+10}{12}$
　$=\dfrac{111}{12}=9.25$(파운드)

(2), (3) 변량을 작은 값부터 크기순으로 나열하면

6, 7, 8, 8, 9, ⑨, ⑩, 10, 10, 10, 11, 13

변량의 개수가 짝수이므로 중앙값은 9와 10의 평균인

$$\frac{9+10}{2}=9.5(파운드)이다.$$

10파운드가 네 번으로 가장 많이 나타나므로 최빈값은 10파운드이다.

(4) 가장 많이 준비해야 할 볼링공의 무게를 정할 때는 그 운동용품점에서 가장 많이 판매한 것을 선택해야 하므로 대푯값으로 가장 적절한 것은 최빈값이다.

10 수학 점수

(6|5는 65점)

줄기	잎
6	5 8 9
7	0 2 3 5 8
8	1 3 4 4 5 8 9
9	0 3 4 5 6

(3) $3+5+7+5=20$(명)

(4) 수학 점수가 93점 이상인 학생은
93점, 94점, 95점, 96점의 4명이다.

11 (3) $3+6+7+4=20$(명)

(4) 읽은 책의 수가 14권 이상 26권 미만인 학생은
14권, 18권, 21권, 22권, 25권, 25권의 6명이다.

12

통학 시간(분)	학생 수(명)	
$10^{이상} \sim 15^{미만}$	////	4
15 ~ 20	卌 ///	8
20 ~ 25	卌 //	7
25 ~ 30	卌	5
30 ~ 35	卌 /	6
합계		30

(2) $15-10=20-15=\cdots=35-30=5$(분)

(4) $4+8=12$(명)

13 (2) $2+3+7+5+A+1=20$이므로
$A=20-(2+3+7+5+1)=2$

(4) $3+7=10$(명)

(5) 기록이 40회 이상인 학생은 $2+1=3$(명)이므로 전체의
$$\frac{3}{20}\times100=15(\%)$$

14

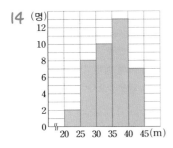

15 (4) $2+6+8+10+4=30$(명)

16 (1) $15-14=16-15=\cdots=20-19=1$(초)

(4) $8+3=11$(명)

(5) $2+7+13+12+8+3=45$(명)

(6) 기록이 16초 미만인 학생은 $2+7=9$(명)이므로 전체의
$$\frac{9}{45}\times100=20(\%)$$

17

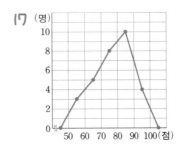

18 (3) $2+8+11+9+5=35$(명)

(4) 도수가 가장 작은 계급은 4시간 이상 8시간 미만이므로 이 계급의 학생은 2명이다.

19 (2) 계급의 개수는 6이다.

(3) $1+4+10+12+7+6=40$(명)

(4) 맥박 수가 72회인 학생이 속하는 계급은 70회 이상 75회 미만이므로 이 계급의 도수는 10명이다.

(5) $7+6=13$(명)

(6) 맥박 수가 65회 이상 75회 미만인 학생은 $4+10=14$(명)이므로 전체의
$$\frac{14}{40}\times100=35(\%)$$

20

대여한 책의 수(권)	학생 수(명)	상대도수
$2^{이상} \sim 4^{미만}$	6	$\frac{6}{50}=0.12$
4 ~ 6	14	$\frac{14}{50}=0.28$
6 ~ 8	16	$\frac{16}{50}=0.32$
8 ~ 10	10	$\frac{10}{50}=0.20$
10 ~ 12	4	$\frac{4}{50}=0.08$
합계	50	1

21 (1) $0.2\times100=20(\%)$

(2) $(0.1+0.2)\times100=30(\%)$

(3) $(0.25+0.1)\times100=35(\%)$

22 50점 이상 60점 미만인 계급의 도수가 4명이고, 상대도수가 0.1이므로

(도수의 총합)$=\frac{4}{0.1}=40$(명)

미술 점수(점)	학생 수(명)	상대도수
50이상 ~ 60미만	4	0.1
60 ~ 70	40×0.2=8	0.2
70 ~ 80	40×0.3=12	0.3
80 ~ 90	40×0.25=10	0.25
90 ~ 100	40×0.15=6	0.15
합계	40	1

23 (1) $A=\dfrac{7}{0.14}=50$

(2) $B=50-(7+15+10+6+3)=9$

(3) $C=\dfrac{9}{50}=0.18$

(4) $D=\dfrac{3}{50}=0.06$

(5) $E=0.14+0.18+0.3+0.2+0.12+0.06=1$

24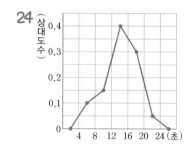

25
대기 시간(분)	관객 수(명)	상대도수
10이상 ~ 20미만	5	0.1
20 ~ 30	7	$\dfrac{7}{50}=0.14$
30 ~ 40	15	$\dfrac{15}{50}=0.3$
40 ~ 50	14	$\dfrac{14}{50}=0.28$
50 ~ 60	9	$\dfrac{9}{50}=0.18$
합계	50	1

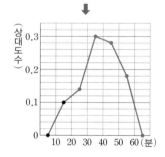

26 (2) $200×0.32=64$(명)

(3) 사회 점수가 85점인 학생이 속하는 계급은 80점 이상 90점 미만이므로 이 계급의 학생은
$200×0.22=44$(명)

(4) $(0.02+0.16)×100=18$(%)

(5) $200×(0.2+0.32)=104$(명)

27 (1) A, B 두 반에서 영어 점수가 50점 이상 60점 미만인 학생의 상대도수는 각각
A반: 0.1, B반: 0.05

즉, 영어 점수가 50점 이상 60점 미만인 학생의 비율은 A반이 더 높다.

(2) A, B 두 반에서 영어 점수가 80점 이상 90점 미만, 90점 이상 100점 미만인 계급의 상대도수의 합은 각각
A반: 0.2+0.1=0.3, B반: 0.3+0.25=0.55
즉, 영어 점수가 80점 이상인 학생의 비율은 B반이 더 높다.

(3) $60×0.25=15$(명)

(4) $40×0.2=8$(명)

(5) B반에 대한 그래프가 A반에 대한 그래프보다 전체적으로 오른쪽으로 치우쳐 있으므로 영어 점수는 B반이 A반보다 상대적으로 더 높은 편이다.

28 (1) 1, 2학년에서 기록이 15초 이상 16초 미만인 학생의 상대도수는 각각
1학년: 0.18, 2학년: 0.08
즉, 기록이 15초 이상 16초 미만인 학생의 비율은 1학년이 더 높다.

(2) 1, 2학년에서 기록이 18초 이상 19초 미만, 19초 이상 20초 미만인 계급의 상대도수의 합은 각각
1학년: 0.12+0.08=0.2, 2학년: 0.24+0.2=0.44
즉, 기록이 18초 이상인 학생의 비율은 2학년이 더 높다.

(3) $(0.04+0.18)×100=22$(%)

(4) 1, 2학년에서 기록이 16초 이상 18초 미만인 학생은 각각
1학년: $250×(0.32+0.26)=145$(명)
2학년: $300×(0.16+0.3)=138$(명)

(5) 1학년에 대한 그래프가 2학년에 대한 그래프보다 전체적으로 왼쪽으로 치우쳐 있으므로 기록은 1학년 학생들이 2학년 학생들보다 상대적으로 더 좋은 편이다.

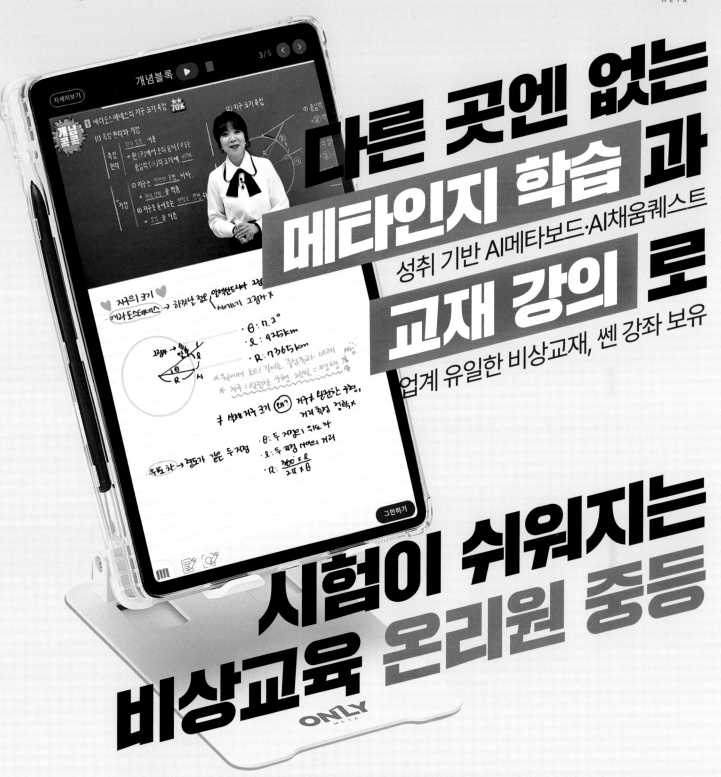

교과서
개념
잡기

교과서 내용을 쉽고 빠르게 학습하여 개념을 꽉! 잡아줍니다.

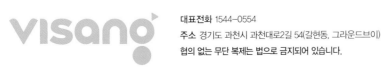

대표전화 1544-0554
주소 경기도 과천시 과천대로2길 54(갈현동, 그라운드브이)

2022 개정 교육과정

고과서 개념 잡기

중학 수학

1·2

visang

우리는 남다른 상상과 혁신으로
교육 문화의 새로운 전형을 만들어
모든 이의 행복한 경험과 성장에 기여한다

ABOVE IMAGINATION

우리는 남다른 상상과 혁신으로
교육 문화의 새로운 전형을 만들어
모든 이의 행복한 경험과 성장에 기여한다

개념별 문제와 1:1 매칭되는

교과서
개념
잡기

익힘북

중학 수학

1·2

기본 도형

▶ 정답과 해설 27쪽

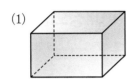

I·1 기본 도형

1 교점과 교선

1 아래 그림과 같은 입체도형에서 다음을 구하시오.

(1)

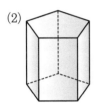

① 교점의 개수 _____

② 교선의 개수 _____

(2)

① 교점의 개수 _____

② 교선의 개수 _____

2 다음 설명 중 옳은 것은 ○표, 옳지 <u>않은</u> 것은 ×표를
( ) 안에 쓰시오.

(1) 점이 움직인 자리는 선이 된다. ( )

(2) 선과 선이 만날 때만 교점이 생긴다. ( )

(3) 선과 면이 만나면 교선이 생긴다. ( )

(4) 평면도형은 한 평면 위에 있는 도형이다.
( )

2 직선, 반직선, 선분

3 다음 그림과 같이 직선 위에 세 점 A, B, C가 있을
때, 보기에서 옳은 것을 모두 고르시오.

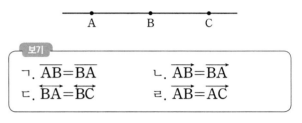

보기
ㄱ. $\overline{AB}=\overline{BA}$ ㄴ. $\overrightarrow{AB}=\overrightarrow{BA}$
ㄷ. $\overrightarrow{BA}=\overrightarrow{BC}$ ㄹ. $\overleftrightarrow{AB}=\overleftrightarrow{AC}$

_____

4 다음 그림과 같이 직선 위에 네 점 A, B, C, D가 있
을 때, 보기에서 옳은 것을 모두 고르시오.

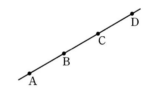

보기
ㄱ. $\overleftrightarrow{AB}=\overleftrightarrow{CD}$ ㄴ. $\overrightarrow{BC}=\overrightarrow{BD}$
ㄷ. $\overrightarrow{AC}=\overrightarrow{CA}$ ㄹ. $\overline{AB}=\overline{AD}$

_____

5 다음 그림과 같이 직선 위에 세 점 A, B, C가 있을
때, 보기의 도형 중에서 같은 것끼리 고르시오.

보기
$\overrightarrow{AB}$, $\overrightarrow{BC}$, $\overrightarrow{AC}$, $\overrightarrow{BC}$, $\overrightarrow{CB}$, $\overrightarrow{CA}$, $\overrightarrow{CB}$, $\overleftrightarrow{CA}$

_____

3 두 점 사이의 거리와 선분의 중점

6 아래 그림에서 점 M은 $\overline{AB}$의 중점이고, 점 N은 $\overline{MB}$의 중점이다. $\overline{AB}=8\,cm$일 때, 다음을 구하시오.

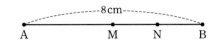

(1) $\overline{AM}$의 길이 _____

(2) $\overline{MN}$의 길이 _____

(3) $\overline{AN}$의 길이 _____

7 아래 그림에서 점 M은 $\overline{AB}$의 중점이고, 점 N은 $\overline{AM}$의 중점이다. $\overline{AB}=24\,cm$일 때, 다음을 구하시오.

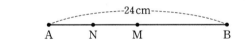

(1) $\overline{MB}$의 길이 _____

(2) $\overline{NM}$의 길이 _____

(3) $\overline{NB}$의 길이 _____

8 아래 그림에서 점 M은 $\overline{AB}$의 중점이고, 점 N은 $\overline{AM}$의 중점이다. $\overline{NM}=4\,cm$일 때, 다음을 구하시오.

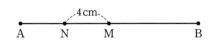

(1) $\overline{MB}$의 길이 _____

(2) $\overline{AB}$의 길이 _____

(3) $\overline{NB}$의 길이 _____

4 각

9 아래 그림에서 다음 각을 A, B, C, D를 사용하여 나타내시오.

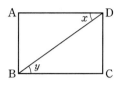

(1) $\angle x$ _____

(2) $\angle y$ _____

10 다음 각을 평각, 직각, 예각, 둔각으로 분류하시오.

(1) $96°$ _____ (2) $180°$ _____

(3) $58°$ _____ (4) $90°$ _____

11 다음 그림에서 $\angle x$의 크기를 구하시오.

(1)

_____

(2)

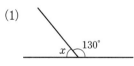

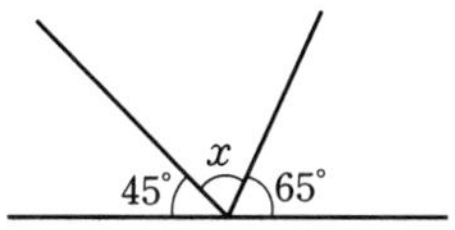

_____

(3)

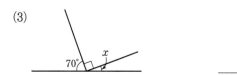

_____

12 오른쪽 그림에서 다음 각의 맞꼭지각을 기호로 나타내시오.

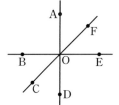

(1) ∠AOB

———————————

(2) ∠COD

———————————

(3) ∠AOC

———————————

(4) ∠BOF

———————————

13 다음 그림에서 ∠x와 ∠y의 크기를 각각 구하시오.

(1)

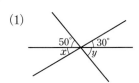

———————————

(2)

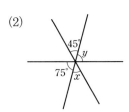

———————————

(3)

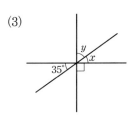

———————————

(4)

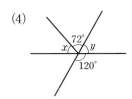

———————————

14 오른쪽 그림에서 ∠AOC=90°일 때, 다음 설명 중 옳은 것은 ○표, 옳지 않은 것은 ×표를 ( ) 안에 쓰시오.

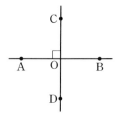

(1) $\overleftrightarrow{AB} \perp \overleftrightarrow{CD}$ (   )

(2) $\overleftrightarrow{CD}$의 수선은 $\overleftrightarrow{AB}$이다. (   )

(3) 점 A에서 $\overleftrightarrow{CD}$에 내린 수선의 발은 점 B이다. (   )

(4) 점 D와 $\overleftrightarrow{AB}$ 사이의 거리는 $\overline{DC}$의 길이이다. (   )

15 아래 그림을 보고, 다음을 구하시오.

(1)

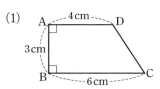

① 점 D에서 $\overline{AB}$에 내린 수선의 발 _____

② 점 A와 $\overline{BC}$ 사이의 거리 _____

(2)

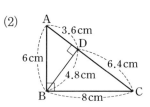

① 점 B에서 $\overline{AC}$에 내린 수선의 발 _____

② 점 B와 $\overline{AC}$ 사이의 거리 _____

I·2 위치 관계

7 점과 직선의 위치 관계

16 다음 그림에 대한 설명 중 옳은 것은 ○표, 옳지 <u>않은</u>
것은 ×표를 ( ) 안에 쓰시오.

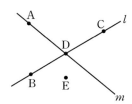

(1) 점 A는 직선 l 위에 있다. ( )

(2) 직선 m은 점 E를 지난다. ( )

(3) 직선 l은 점 D를 지나지 않는다. ( )

(4) 점 C는 직선 m 위에 있지 않다. ( )

(5) 직선 l과 직선 m의 교점은 점 D이다. ( )

17 아래 그림에서 다음을 모두 구하시오.

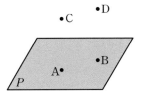

(1) 평면 P 위에 있는 점 _____

(2) 평면 P 위에 있지 않은 점 _____

8 평면에서 두 직선의 위치 관계

18 아래 그림과 같은 평행사변형 ABCD에서 다음을 모
두 구하시오.

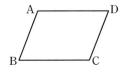

(1) 변 BC와 한 점에서 만나는 변 _____

(2) 변 BC와 평행한 변 _____

(3) 변 DC와 한 점에서 만나는 변 _____

(4) 변 DC와 평행한 변 _____

19 다음 그림과 같은 사다리꼴 ABCD에 대하여 보기에
서 옳은 것을 모두 고르시오.

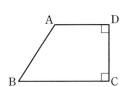

보기
ㄱ. $\overline{AB} /\!/ \overline{CD}$ ㄴ. $\overline{BC} \perp \overline{CD}$
ㄷ. $\overline{AD} \perp \overline{CD}$ ㄹ. $\overline{AD} /\!/ \overline{BC}$

_____

20 아래 그림과 같은 삼각기둥에서 다음을 모두 구하시오.

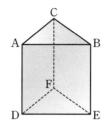

(1) 모서리 AC와 한 점에서 만나는 모서리

_____

(2) 모서리 AD와 평행한 모서리

_____

(3) 모서리 BC와 꼬인 위치에 있는 모서리

_____

21 아래 그림과 같은 직육면체에서 다음을 모두 구하시오.

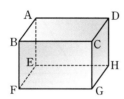

(1) 모서리 AD와 한 점에서 만나는 모서리

_____

(2) 모서리 BF와 평행한 모서리

_____

(3) 모서리 CD와 꼬인 위치에 있는 모서리

_____

22 다음 그림과 같은 직육면체에서 $\overline{AC}$와 꼬인 위치에 있는 모서리를 보기에서 모두 고르시오.

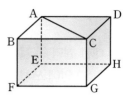

> **보기**
> ㄱ. $\overline{BF}$ ㄴ. $\overline{CG}$ ㄷ. $\overline{DH}$ ㄹ. $\overline{AE}$
> ㅁ. $\overline{EF}$ ㅂ. $\overline{FG}$ ㅅ. $\overline{HG}$ ㅇ. $\overline{EH}$

_____

23 아래 그림과 같은 오각기둥에서 각 모서리를 연장한 직선을 그을 때, 다음 설명 중 옳은 것은 ○표, 옳지 <u>않은</u> 것은 ×표를 (   ) 안에 쓰시오.

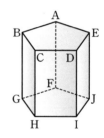

(1) $\overleftrightarrow{BC}$ ∥ $\overleftrightarrow{GH}$ (   )

(2) $\overleftrightarrow{DI}$ ⊥ $\overleftrightarrow{EJ}$ (   )

(3) $\overleftrightarrow{AB}$와 $\overleftrightarrow{CH}$는 한 점에서 만난다.   (   )

(4) $\overleftrightarrow{CD}$와 $\overleftrightarrow{FG}$는 꼬인 위치에 있다.   (   )

(5) $\overleftrightarrow{AE}$와 $\overleftrightarrow{CD}$는 한 점에서 만난다.   (   )

⑩ 공간에서 직선과 평면의 위치 관계

24 아래 그림과 같은 삼각기둥에서 다음을 모두 구하시오.

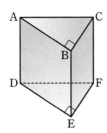

(1) 면 BEFC에 포함되는 모서리

_____

(2) 면 BEFC와 평행한 모서리

_____

(3) 면 ADEB와 수직인 모서리

_____

(4) 모서리 CF를 포함하는 면

_____

(5) 모서리 CF와 한 점에서 만나는 면

_____

(6) 모서리 CF와 평행한 면

_____

(7) 모서리 DE와 수직인 면

_____

25 아래 그림과 같은 직육면체에서 다음을 모두 구하시오.

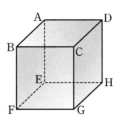

(1) 면 BFGC에 포함되는 모서리

_____

(2) 면 BFGC와 평행한 모서리

_____

(3) 면 BFGC와 수직인 모서리

_____

(4) 모서리 AD를 포함하는 면

_____

(5) 모서리 AD와 평행한 면

_____

(6) 모서리 AD와 한 점에서 만나는 면

_____

(7) 모서리 AD와 수직인 면

_____

⑪ 공간에서 두 평면의 위치 관계

26 아래 그림과 같은 삼각기둥에서 다음을 모두 구하시오.

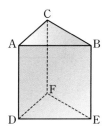

(1) 면 ADFC와 만나는 면

_____

(2) 면 DEF와 평행한 면

_____

(3) 면 ABC와 면 ADFC의 교선

_____

27 아래 그림과 같은 직육면체에서 다음을 모두 구하시오.

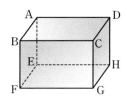

(1) 면 ABFE와 만나는 면

_____

(2) 면 ABFE와 평행한 면

_____

(3) 모서리 CG를 교선으로 하는 두 면

_____

⑫ 동위각과 엇각

28 아래 그림을 보고 다음을 구하시오.

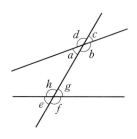

(1) ∠d의 동위각

_____

(2) ∠f의 동위각

_____

(3) ∠a의 엇각

_____

(4) ∠h의 엇각

_____

29 다음 그림을 보고 보기에서 동위각과 엇각을 바르게 짝 지은 것을 모두 고르시오.

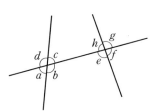

보기	
〈동위각〉	〈엇각〉
ㄱ. ∠a와 ∠c,	∠b와 ∠h
ㄴ. ∠d와 ∠h,	∠a와 ∠e
ㄷ. ∠f와 ∠b,	∠e와 ∠c
ㄹ. ∠g와 ∠c,	∠h와 ∠b

_____

30 아래 그림을 보고 다음 각의 크기를 구하시오.

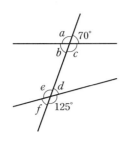

(1) ∠a의 동위각 _____

(2) ∠b의 동위각 _____

(3) ∠d의 엇각 _____

(4) ∠e의 엇각 _____

31 아래 그림을 보고 다음 각의 크기를 구하시오.

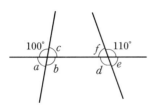

(1) ∠a의 동위각 _____

(2) ∠f의 동위각 _____

(3) ∠b의 엇각 _____

(4) ∠d의 엇각 _____

13 평행선의 성질

32 다음 그림에서 $l /\!/ m$일 때, ∠x의 크기를 구하시오.

(1)
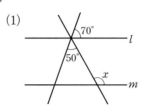
_____

(2)
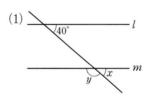
_____

33 다음 그림에서 $l /\!/ m$일 때, ∠x와 ∠y의 크기를 각각 구하시오.

(1)
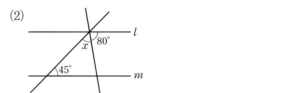
_____

(2)
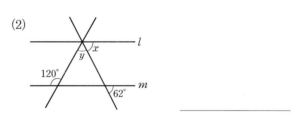
_____

(3)
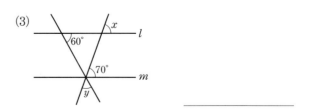
_____

(4)

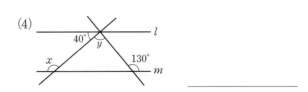

(5)

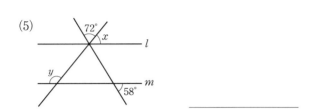

34 다음 그림에서 $l /\!/ m$일 때, $\angle x$의 크기를 구하시오.

(1)

(2)

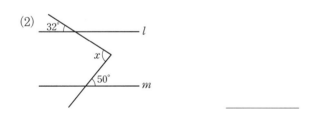

(3)

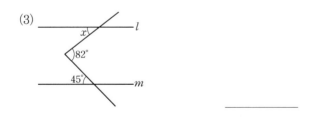

35 다음 그림에서 서로 평행한 두 직선을 모두 찾아 기호로 나타내시오.

(1)

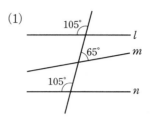

(2)

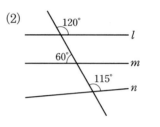

(3)

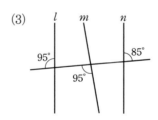

(4)

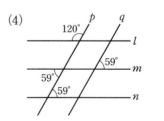

작도와 합동

Ⅱ·1 삼각형의 작도

1 길이가 같은 선분의 작도

1 다음 중 작도에 대한 설명으로 옳은 것은 ○표, 옳지 않은 것은 ×표를 ( ) 안에 쓰시오.

(1) 선분을 연장할 때 눈금 없는 자를 사용한다.
( )

(2) 두 점을 지나는 직선을 그릴 때 컴퍼스를 사용한다.
( )

(3) 주어진 선분의 길이를 재어 다른 직선 위로 옮길 때 컴퍼스를 사용한다.
( )

(4) 주어진 각의 크기를 잴 때 각도기를 사용한다.
( )

2 다음 그림은 선분 AB와 길이가 같은 선분 PQ를 작도하는 과정이다. 작도 순서를 완성하시오.

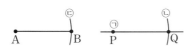

2 크기가 같은 각의 작도

3 다음 그림은 ∠XOY와 크기가 같고 $\overrightarrow{PQ}$를 한 변으로 하는 ∠DPQ를 작도하는 과정이다. 작도 순서를 완성하시오.

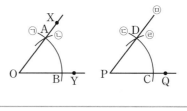

4 다음 그림은 ∠XOY와 크기가 같고 $\overrightarrow{PQ}$를 한 변으로 하는 ∠CPQ를 작도하는 과정이다. 보기에서 옳은 것을 모두 고르시오.

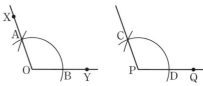

보기
ㄱ. $\overline{OA}=\overline{PD}$　　ㄴ. $\overline{OX}=\overline{OY}$
ㄷ. $\overline{AB}=\overline{CD}$　　ㄹ. $\overline{PC}=\overline{CD}$
ㅁ. $\overline{OA}=\overline{AB}$　　ㅂ. ∠AOB=∠CPQ

5 아래 그림의 △DEF에서 다음을 구하시오.

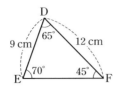

(1) ∠E의 대변의 길이 _____

(2) ∠F의 대변의 길이 _____

(3) $\overline{EF}$의 대각의 크기 _____

(4) $\overline{DF}$의 대각의 크기 _____

6 다음 중 삼각형의 세 변의 길이가 될 수 있는 것은 ○표, 될 수 <u>없는</u> 것은 ×표를 ( ) 안에 쓰시오.

(1) 2 cm, 4 cm, 8 cm ( )

(2) 4 cm, 5 cm, 10 cm ( )

(3) 7 cm, 8 cm, 14 cm ( )

(4) 6 cm, 6 cm, 6 cm ( )

(5) 2 cm, 10 cm, 12 cm ( )

(6) 3 cm, 7 cm, 7 cm ( )

7 다음은 세 변의 길이 a, b, c가 주어졌을 때, △ABC를 작도하는 과정이다. □ 안에 알맞은 것을 쓰시오.

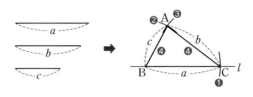

❶ 직선 l을 긋고, 그 위에 길이가 a인 선분 □를 작도한다.

❷ 점 B를 중심으로 반지름의 길이가 □인 원을 그린다.

❸ 점 C를 중심으로 반지름의 길이가 □인 원을 그려 ❷에서 그린 원과의 □을 A라고 한다.

❹ 두 점 A와 B, 두 점 A와 □를 각각 이으면 △ABC가 된다.

8 다음은 세 변의 길이 a, b, c가 주어졌을 때, △ABC를 작도하는 과정이다. 작도 순서를 완성하시오.

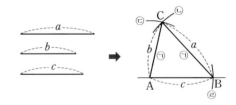

ⓐ ➡ ⓒ ➡ □ ➡ □

9 다음은 두 변의 길이 a, c와 그 끼인각 ∠B의 크기가 주어졌을 때, △ABC를 작도하는 과정이다. □ 안에 알맞은 것을 쓰시오.

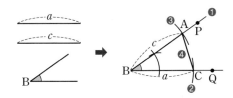

❶ ∠□와 크기가 같은 ∠PBQ를 작도한다.

❷ 점 B를 중심으로 반지름의 길이가 □인 원을 그려 $\overrightarrow{BQ}$와의 교점을 □라고 한다.

❸ 점 B를 중심으로 반지름의 길이가 □인 원을 그려 $\overrightarrow{BP}$와의 교점을 □라고 한다.

❹ 두 점 A와 □를 이으면 △ABC가 작도된다.

10 다음은 두 변의 길이 b, c와 그 끼인각 ∠A의 크기가 주어졌을 때, △ABC를 작도하는 과정이다. 작도 순서를 완성하시오.

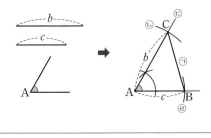

ⓒ ➡ □ ➡ ⓑ ➡ □

11 다음은 한 변의 길이 a와 그 양 끝 각 ∠B, ∠C의 크기가 주어졌을 때, △ABC를 작도하는 과정이다. □ 안에 알맞은 것을 쓰시오.

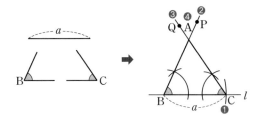

❶ 직선 l을 긋고, 그 위에 길이가 □인 $\overline{BC}$를 작도한다.

❷ ∠□와 크기가 같은 ∠PBC를 작도한다.

❸ ∠□와 크기가 같은 ∠QCB를 작도한다.

❹ $\overrightarrow{BP}$, □의 교점을 A라고 하면 △ABC가 작도된다.

12 다음은 한 변의 길이 c와 그 양 끝 각 ∠A, ∠B의 크기가 주어졌을 때, △ABC를 작도하는 과정이다. 작도 순서를 완성하시오.

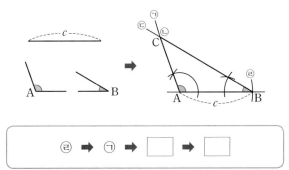

ⓒ ➡ ⓐ ➡ □ ➡ □

7 삼각형이 하나로 정해지는 경우

13 다음 중 △ABC가 하나로 정해지면 ○표, 정해지지 않는 것은 ×표를 ( ) 안에 쓰시오.

(1) $\overline{AB}$=13cm, $\overline{BC}$=5cm, $\overline{AC}$=7cm ( )

(2) $\overline{AB}$=10cm, $\overline{BC}$=8cm, ∠B=55° ( )

(3) $\overline{AC}$=6cm, ∠B=60°, ∠C=50° ( )

(4) ∠A=70°, ∠B=40°, ∠C=70° ( )

(5) $\overline{AB}$=8cm, ∠A=90°, ∠B=85° ( )

(6) $\overline{AB}$=7cm, ∠B=45°, $\overline{AC}$=5cm ( )

14 다음 그림과 같이 $\overline{AB}$의 길이와 ∠B의 크기가 주어졌을 때, △ABC가 하나로 정해지기 위해 필요한 나머지 조건이 될 수 있는 것을 보기에서 모두 고르시오.

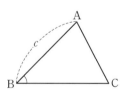

> **보기**
> ㄱ. $\overline{AC}$ ㄴ. ∠A   ㄷ. $\overline{BC}$ ㄹ. ∠C

_____

Ⅱ·2 삼각형의 합동

8 합동

15 아래 그림에서 △ABC≡△DEF일 때, 다음을 구하시오.

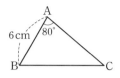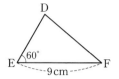

(1) ∠B의 크기   _____

(2) ∠D의 크기   _____

(3) $\overline{BC}$의 길이   _____

(4) $\overline{DE}$의 길이   _____

16 아래 그림에서 사각형 ABCD와 사각형 EFGH가 서로 합동일 때, 다음을 구하시오.

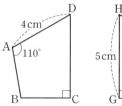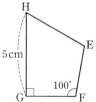

(1) ∠B의 크기   _____

(2) ∠E의 크기   _____

(3) $\overline{DC}$의 길이   _____

(4) $\overline{HE}$의 길이   _____

17 다음 두 삼각형이 합동일 때, 기호 ≡을 사용하여 합동임을 나타내고, 그 합동 조건을 말하시오.

(1)
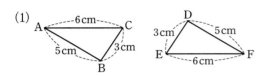

_____

(2)
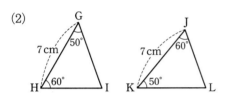

_____

(3)
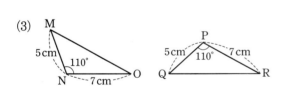

_____

(4)
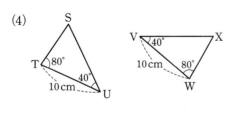

_____

18 다음 보기의 삼각형 중 서로 합동인 것을 모두 찾아 기호 ≡을 사용하여 합동임을 나타내고, 그 합동 조건을 말하시오.

보기
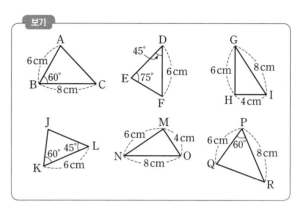

_____

19 아래 그림과 같은 △ABC와 △DEF가 다음 조건을 만족시킬 때, 두 삼각형이 서로 합동인 것은 ○표, 합동이 아닌 것은 ×표를 ( ) 안에 쓰시오.

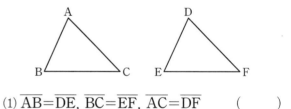

(1) $\overline{AB}=\overline{DE}$, $\overline{BC}=\overline{EF}$, $\overline{AC}=\overline{DF}$ (   )

(2) $\overline{AB}=\overline{DE}$, $\overline{AC}=\overline{DF}$, $\angle A=\angle D$ (   )

(3) $\overline{AB}=\overline{DE}$, $\overline{BC}=\overline{EF}$, $\angle C=\angle F$ (   )

(4) $\angle A=\angle D$, $\angle B=\angle E$, $\angle C=\angle F$ (   )

(5) $\overline{BC}=\overline{EF}$, $\angle B=\angle E$, $\angle C=\angle F$ (   )

(6) $\overline{AB}=\overline{DE}$, $\angle A=\angle D$, $\angle C=\angle F$ (   )

평면도형

▶정답과 해설 30쪽

Ⅲ·1 다각형

1 다각형

1 오른쪽 그림의 삼각형 ABC에서 다음 각의 크기를 구하시오.

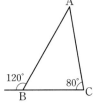

(1) ∠B의 내각 _____

(2) ∠C의 외각 _____

2 오른쪽 그림의 사각형 ABCD에서 다음 각의 크기를 구하시오.

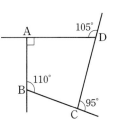

(1) ∠A의 외각 _____

(2) ∠B의 외각 _____

(3) ∠C의 내각 _____

(4) ∠D의 내각 _____

2 삼각형의 내각

3 다음 그림에서 ∠x의 크기를 구하시오.

(1)
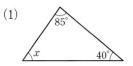
_____

(2)
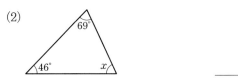
_____

(3)
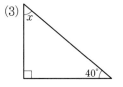
_____

(4)

_____

(5)

_____

16 익힘북

3 삼각형의 외각

4 다음 그림에서 $\angle x$의 크기를 구하시오.

(1)
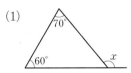

(2)
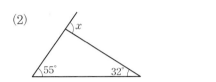

(3)
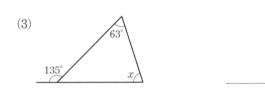

5 다음 그림에서 $\angle x$의 크기를 구하시오.

(1)
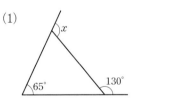

(2)
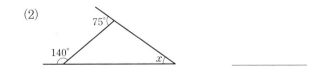

4 다각형의 대각선의 개수

6 다음 다각형의 대각선의 개수를 구하시오.

(1) 오각형 _____

(2) 팔각형 _____

(3) 십일각형 _____

(4) 십사각형 _____

7 대각선의 개수가 다음과 같은 다각형을 구하시오.

(1) 9 _____

(2) 27 _____

(3) 54 _____

(4) 90 _____

5 다각형의 내각의 크기의 합

8 다음 표를 완성하시오.

다각형	한 꼭짓점에서 대각선을 모두 그었을 때 생기는 삼각형의 개수	내각의 크기의 합
오각형	3	$180° \times 3 = 540°$
육각형		
칠각형		
팔각형		
⋮	⋮	⋮
n각형		

9 다음 다각형의 내각의 크기의 합을 구하시오.

(1) 십각형 _____

(2) 십일각형 _____

(3) 십육각형 _____

(4) 이십일각형 _____

10 내각의 크기의 합이 다음과 같은 다각형을 구하시오.

(1) 1260° _____

(2) 2340° _____

11 다음 그림에서 $\angle x$의 크기를 구하시오.

(1)

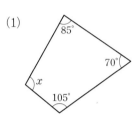

_____

(2)

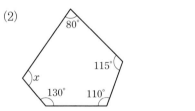

_____

(3)

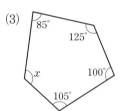

_____

(4)

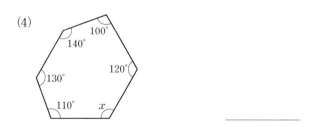

_____

6 **다각형의 외각의 크기의 합**

12 다음 그림에서 ∠x의 크기를 구하시오.

(1)

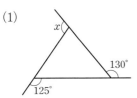

_____

(2)

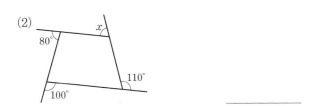

_____

(3)

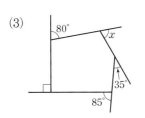

_____

(4)

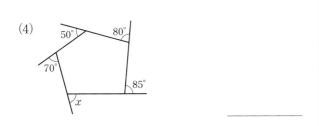

_____

(5)

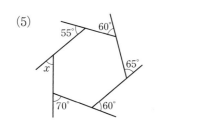

_____

13 다음 그림에서 ∠x의 크기를 구하시오.

(1)

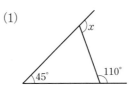

_____

(2)

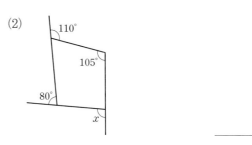

_____

(3)

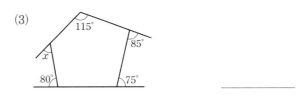

_____

(4)

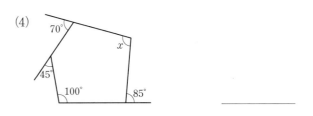

_____

(5)

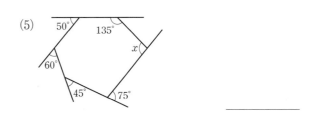

_____

7 정다각형의 한 내각과 한 외각의 크기

14 다음 정다각형의 한 내각의 크기를 구하시오.

(1) 정육각형 _____

(2) 정구각형 _____

(3) 정십각형 _____

(4) 정이십각형 _____

15 다음 정다각형의 한 외각의 크기를 구하시오.

(1) 정육각형 _____

(2) 정구각형 _____

(3) 정십각형 _____

(4) 정이십각형 _____

8 원과 부채꼴

16 다음을 원 위에 나타내시오.

(1) 호 AB

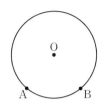

(2) 현 AB

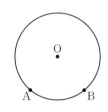

(3) 현 AB와 호 AB로 이
루어진 활꼴

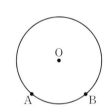

17 오른쪽 그림의 원 O에서 다음을
기호로 나타내시오.

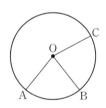

(1) $\overparen{BC}$에 대한 중심각 _____

(2) ∠AOB에 대한 호 _____

(3) 부채꼴 AOB의 중심각 _____

9 부채꼴의 중심각의 크기와 호의 길이

18 다음 그림의 원 O에서 x의 값을 구하시오.

(1)
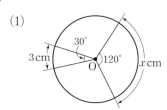

_____

(2)
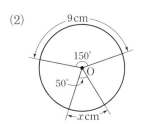

_____

(3)
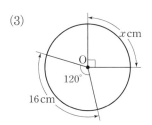

_____

(4)
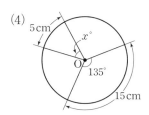

_____

(5)
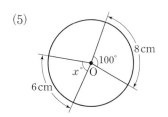

_____

10 부채꼴의 중심각의 크기와 넓이

19 다음 그림의 원 O에서 x의 값을 구하시오.

(1)
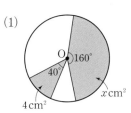

_____

(2)
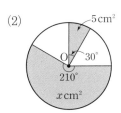

_____

(3)
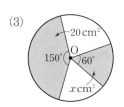

_____

(4)
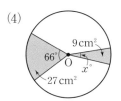

_____

(5)
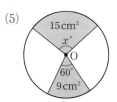

_____

20 다음 그림의 원 O에서 x의 값을 구하시오.

(1)
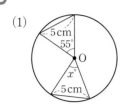

_____

(2)
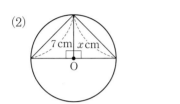

_____

21 오른쪽 그림의 원 O에서 $\widehat{AB}=\widehat{BC}$일 때, 다음 중 옳은 것은 ○표, 옳지 않은 것은 ×표를 ( ) 안에 쓰시오.

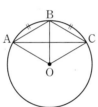

(1) $\angle AOB = \angle BOC$　　(　)

(2) $\widehat{AC} = 2\widehat{AB}$　　(　)

(3) $\overline{AB} = \overline{BC}$　　(　)

(4) $\overline{AC} = 2\overline{AB}$　　(　)

(5) (부채꼴 AOC의 넓이)=2×(부채꼴 AOB의 넓이)
　　　　　　　　　　　　　　(　)

22 다음 원의 둘레의 길이 l과 넓이 S를 각각 구하시오.

(1)
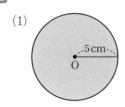

① l: _____

② S: _____

(2)
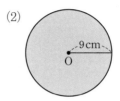

① l: _____

② S: _____

(3)
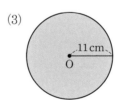

① l: _____

② S: _____

(4)
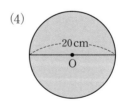

① l: _____

② S: _____

⓭ 부채꼴의 호의 길이와 넓이

23 다음 부채꼴의 호의 길이 l과 넓이 S를 각각 구하시오.

(1)
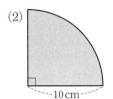

① l: _____

② S: _____

(2)
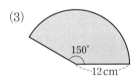

① l: _____

② S: _____

(3)
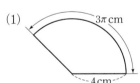

① l: _____

② S: _____

24 다음 그림과 같은 부채꼴의 중심각의 크기를 구하시오.

(1)
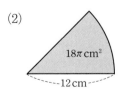

_____

(2)
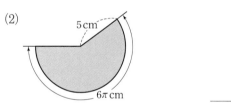

18π cm²
12 cm

_____

25 다음 그림과 같은 부채꼴의 반지름의 길이를 구하시오.

(1)
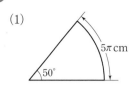

_____

(2)
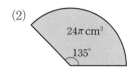

_____

26 다음 부채꼴의 넓이 S를 구하시오.

(1)
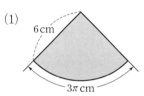

_____

(2)

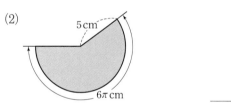

_____

27 다음을 구하시오.

(1) 반지름의 길이가 $8\,\mathrm{cm}$이고 넓이가 $24\pi\,\mathrm{cm}^2$인 부채꼴의 호의 길이

_____

(2) 호의 길이가 $13\pi\,\mathrm{cm}$이고 넓이가 $91\pi\,\mathrm{cm}^2$인 부채꼴의 반지름의 길이

_____

28 다음 그림에서 색칠한 부분의 둘레의 길이를 구하시오.

(1)
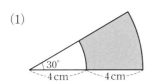

_____

(2)
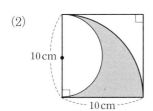

_____

(3)
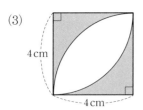

_____

29 다음 그림에서 색칠한 부분의 넓이를 구하시오.

(1)
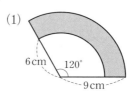

_____

(2)
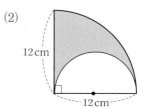

_____

(3)
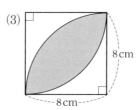

_____

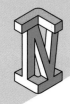 입체도형

▶정답과 해설 34쪽

Ⅳ·1 다면체와 회전체

1 다면체

1 오른쪽 그림의 다면체에 대하여 다음을 구하시오.

(1) 면의 개수 _____

(2) 몇 면체인가? _____

(3) 모서리의 개수 _____

(4) 꼭짓점의 개수 _____

2 아래 보기의 입체도형 중에서 다음을 만족시키는 것을 모두 고르시오.

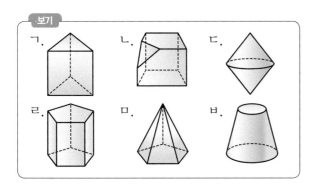

보기

ㄱ. ㄴ. ㄷ.

ㄹ. ㅁ. ㅂ.

(1) 다면체 _____

(2) 면의 개수가 7인 다면체 _____

(3) 육면체 _____

(4) 꼭짓점의 개수가 6인 다면체 _____

2 다면체의 종류

3 다음 다면체를 보고 표를 완성하시오.

다면체			
이름			
밑면의 개수			
밑면의 모양			
옆면의 모양			

4 아래 보기의 다면체 중에서 다음을 만족시키는 것을 모두 고르시오.

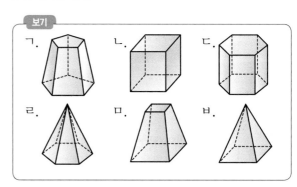

보기

ㄱ. ㄴ. ㄷ.

ㄹ. ㅁ. ㅂ.

(1) 밑면의 개수가 2인 다면체 _____

(2) 옆면의 모양이 삼각형인 다면체 _____

(3) 밑면의 모양이 육각형인 다면체 _____

(4) 옆면의 모양이 직사각형이 아닌 사다리꼴인 다면체

_____

③ 정다면체

5 다음 정다면체에 대한 설명 중 옳은 것은 ○표, 옳지 <u>않은</u> 것은 ×표를 ( ) 안에 쓰시오.

(1) 정다면체는 5가지뿐이다. ( )

(2) 각 꼭짓점에 모인 면의 개수가 모두 같은 다면체를 정다면체라고 한다. ( )

(3) 정다면체 중에서 한 꼭짓점에 4개의 면이 모이는 정다면체는 없다. ( )

(4) 정다면체의 각 면의 모양은 정삼각형, 정사각형, 정육각형뿐이다. ( )

6 다음 조건을 모두 만족시키는 정다면체를 구하시오.

(1)
> (가) 각 면이 모두 합동인 정삼각형이다.
> (나) 한 꼭짓점에 모인 면의 개수가 3이다.

_____

(2)
> (가) 한 꼭짓점에 모인 면의 개수가 3이다.
> (나) 모서리의 개수는 12이다.

_____

7 아래 그림의 전개도로 만든 정다면체에 대하여 □ 안에 알맞은 것을 쓰고, 다음을 구하시오.

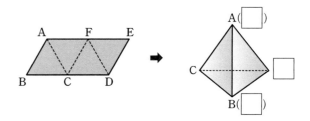

(1) 점 A와 겹치는 꼭짓점 _____

(2) $\overline{AB}$와 겹치는 모서리 _____

(3) $\overline{AB}$와 꼬인 위치에 있는 모서리 _____

8 아래 그림의 전개도로 만든 정다면체에 대하여 다음 물음에 답하시오.

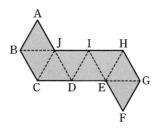

(1) 정다면체의 이름을 말하시오. _____

(2) 점 F와 겹치는 꼭짓점을 구하시오.

_____

(3) $\overline{CD}$와 겹치는 모서리를 구하시오. _____

4 회전체

9 다음 입체도형 중에서 회전체인 것은 ○표, 회전체가 아닌 것은 ×표를 ( ) 안에 쓰시오.

(1)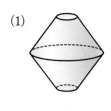

( )

(2)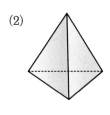

( )

(3)

( )

(4)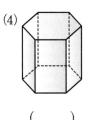

( )

10 다음 그림과 같은 평면도형을 직선 l을 회전축으로 하여 1회전 시킬 때 생기는 회전체를 그리시오.

(1)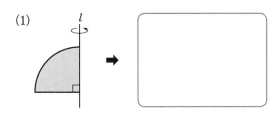

(2)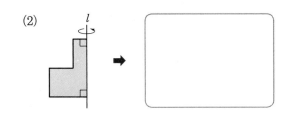

5 회전체의 성질

11 다음 그림과 같은 회전체를 회전축에 수직인 평면과 회전축을 포함하는 평면으로 자를 때, 생기는 단면의 모양을 그리시오.

회전체	회전축에 수직인 평면으로 자른 단면	회전축을 포함하는 평면으로 자른 단면

12 다음 회전체에 대한 설명 중 옳은 것은 ○표, 옳지 않은 것은 ×표를 ( ) 안에 쓰시오.

(1) 직사각형의 한 변을 회전축으로 하여 1회전 시키면 원뿔이 된다. ( )

(2) 회전체를 회전축을 포함하는 평면으로 자른 단면은 회전축에 대한 선대칭도형이다. ( )

(3) 원뿔대를 회전축을 포함하는 평면으로 자를 때 생기는 단면의 모양은 이등변삼각형이다.

( )

13 다음 주어진 회전체의 전개도를 그리시오.

회전체	전개도
원기둥	
원뿔	
원뿔대	

14 다음 그림과 같은 회전체의 전개도에서 a, b의 값을 각각 구하시오.

(1)

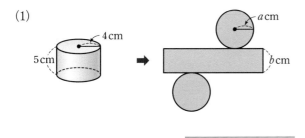

_____

(2)

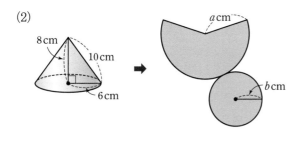

_____

(3)

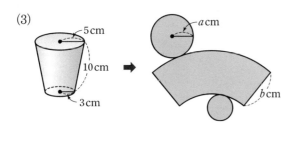

_____

7 기둥의 겉넓이

15 다음 그림과 같은 기둥의 겉넓이를 구하시오.

(1)

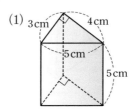

_____

(2)

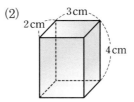

_____

(3)

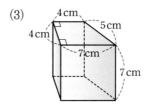

_____

(4)

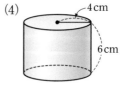

_____

8 기둥의 부피

16 다음 그림과 같은 기둥의 부피를 구하시오.

(1)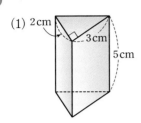
2cm 3cm 5cm

_____

(2)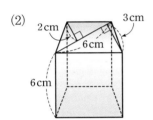
2cm 3cm 6cm 6cm

_____

(3)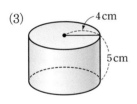
4cm 5cm

_____

(4)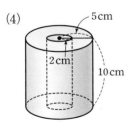
5cm 2cm 10cm

_____

9 뿔의 겉넓이

17 다음 그림과 같은 뿔의 겉넓이를 구하시오.
(단, (1)에서 옆면은 모두 합동이다.)

(1)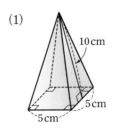
10cm 5cm 5cm

_____

(2)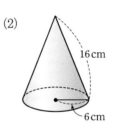
16cm 6cm

_____

18 다음 그림과 같은 뿔대의 겉넓이를 구하시오.
(단, (1)에서 옆면은 모두 합동이다.)

(1)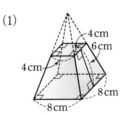
4cm 6cm 4cm 8cm 8cm

_____

(2)
13cm 5cm 13cm 10cm

_____

19 다음 그림과 같은 뿔의 부피를 구하시오.

(1)

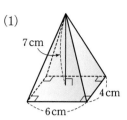

7 cm
4 cm
6 cm

(2)

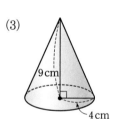

6 cm
4 cm 3 cm

(3)

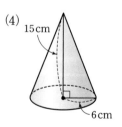

9 cm
4 cm

(4)

15 cm
6 cm

20 다음 그림과 같은 뿔대의 부피를 구하시오.

(1)

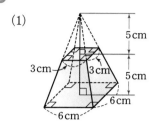

5 cm
3 cm 3 cm
5 cm
6 cm
6 cm

(2)

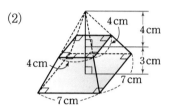

4 cm
4 cm
4 cm
3 cm
7 cm
7 cm

(3)

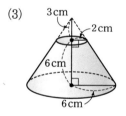

3 cm
2 cm
6 cm
6 cm

(4)

10 cm
6 cm
5 cm
9 cm

21 다음 그림과 같은 구의 겉넓이를 구하시오.

(1)
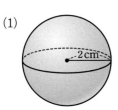

(2)
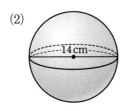

22 다음 그림과 같은 반구의 겉넓이를 구하시오.

(1)

(2)
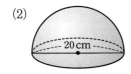

23 다음 그림과 같은 구의 부피를 구하시오.

(1)
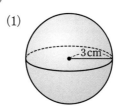

(2)
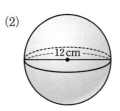

24 다음 그림과 같은 반구의 부피를 구하시오.

(1)
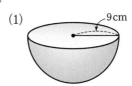

(2)

통계

▶정답과 해설 37쪽

V·1 자료의 정리와 해석

1 중앙값

1 다음 자료의 중앙값을 구하시오.

(1)
| 22, 36, 5, 15, 20 |

_____

(2)
| 8, 14, 7, 10, 17, 4 |

_____

(3)
| 27, 27, 30, 24, 19, 21, 26 |

_____

(4)
| 55, 54, 58, 60, 54, 53, 54, 59 |

_____

2 다음은 자료의 변량을 작은 값부터 크기순으로 나열한 것이다. 이 자료의 중앙값이 [ ] 안의 수와 같을 때, x의 값을 구하시오.

(1)
| 7, 10, x, 19 | [12.5]

_____

(2)
| 5, 8, x, 17, 20, 23 | [14]

_____

2 최빈값

3 다음 자료의 최빈값을 구하시오.

(1)
| 2, 1, 7, 3, 1, 7, 6, 1, 5 |

_____

(2)
| 10, 30, 35, 40, 35, 10, 45, 25 |

_____

(3)
| 155, 150, 165, 145, 170, 160, 170 |

_____

4 다음 표는 새별이네 학교 학생 60명이 연주할 수 있는 악기를 하나씩 조사하여 나타낸 것이다. 이 자료의 최빈값을 구하시오.

악기	피아노	플루트	클라리넷	바이올린	첼로
학생 수(명)	15	12	7	17	9

_____

5 다음 표는 현우네 반 학생 33명이 한국사능력검정시험에서 얻은 급수를 조사하여 나타낸 것이다. 이 자료의 최빈값을 구하시오.

급수(급)	1	2	3	4	5	6
학생 수(명)	4	3	8	6	4	8

_____

6 아래 자료는 민석이네 반 학생 11명이 한 달 동안 어느 SNS 앱에 접속한 횟수를 조사하여 나타낸 것이다. 다음을 구하시오.

(단위: 회)

> 27, 29, 1, 12, 9, 3, 19, 14, 19, 27, 27

(1) 평균 _____

(2) 중앙값 _____

(3) 최빈값 _____

7 아래 자료는 혜원이네 반 학생 10명이 어느 날 통학하는 데 걸린 시간을 조사하여 나타낸 것이다. 다음을 구하시오.

(단위: 분)

> 12, 16, 20, 24, 40, 33, 12, 13, 41, 24

(1) 평균 _____

(2) 중앙값 _____

(3) 최빈값 _____

8 다음 자료는 어느 제과점에서 만드는 9종류의 빵의 하루 판매량을 조사한 것이다. 물음에 답하시오.

(단위: 개)

> 50, 43, 39, 4, 46, 51, 43, 45, 48

(1) 평균을 구하시오. _____

(2) 중앙값을 구하시오. _____

(3) 최빈값을 구하시오. _____

(4) 평균, 중앙값 중에서 이 자료의 대푯값으로 적절한 것을 말하시오.

_____

9 다음 자료는 어느 운동용품점에서 하루 동안 판매한 볼링공 12개의 무게를 조사한 것이다. 이 운동용품점에서 가장 많이 준비해야 할 볼링공의 무게를 정하려고 할 때, 물음에 답하시오.

(단위: 파운드)

> 7, 9, 10, 6, 8, 13, 10, 9, 8, 10, 11, 10

(1) 평균을 구하시오. _____

(2) 중앙값을 구하시오. _____

(3) 최빈값을 구하시오. _____

(4) 평균, 중앙값, 최빈값 중에서 이 자료의 대푯값으로 적절한 것을 말하시오.

_____

10 다음 자료는 선재네 반 학생들의 수학 점수를 조사하여 나타낸 것이다. 이 자료에 대한 줄기와 잎 그림을 완성하고, 물음에 답하시오.

(단위: 점)

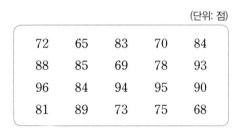

72	65	83	70	84
88	85	69	78	93
96	84	94	95	90
81	89	73	75	68

수학 점수

(6|5는 65점)

줄기	잎
6	5

(1) 잎이 가장 적은 줄기를 구하시오.

_____

(2) 줄기가 7인 잎을 모두 구하시오.

_____

(3) 반 전체 학생은 몇 명인지 구하시오.

_____

(4) 수학 점수가 93점 이상인 학생은 몇 명인지 구하시오.

_____

11 다음 줄기와 잎 그림은 은진이네 반 학생들이 여름방학 동안 읽은 책의 수를 조사하여 나타낸 것이다. 물음에 답하시오.

읽은 책의 수

(0|3은 3권)

줄기	잎						
0	3	4	7				
1	0	1	2	3	4	8	
2	1	2	5	5	6	8	9
3	0	3	4	7			

(1) 잎이 가장 많은 줄기를 구하시오.

_____

(2) 줄기가 1인 잎을 모두 구하시오.

_____

(3) 반 전체 학생은 몇 명인지 구하시오.

_____

(4) 읽은 책의 수가 14권 이상 26권 미만인 학생은 몇 명인지 구하시오.

_____

(5) 책을 가장 많이 읽은 학생의 책의 수와 가장 적게 읽은 학생의 책의 수를 차례로 구하시오.

_____

12 다음 자료는 솔이네 반 학생들이 통학 시간을 조사하여 나타낸 것이다. 이 자료에 대한 도수분포표를 완성하고, 물음에 답하시오.

(단위: 분)

24	12	14	30	31	22	30	10	22	15
18	26	17	19	34	16	24	25	31	29
27	10	23	22	18	17	28	19	30	24

↓

통학 시간(분)	학생 수(명)	
$10^{이상} \sim 15^{미만}$	////	4
15 ~ 20		
합계		

(1) 계급의 개수를 구하시오.

_____

(2) 계급의 크기를 구하시오.

_____

(3) 통학 시간이 31분인 학생이 속하는 계급을 구하시오.

_____

(4) 통학 시간이 20분 미만인 학생은 몇 명인지 구하시오.

_____

13 다음 도수분포표는 지효네 반 학생들의 1분 동안의 줄넘기 기록을 조사하여 나타낸 것이다. 물음에 답하시오.

줄넘기 기록(회)	학생 수(명)
$0^{이상} \sim 10^{미만}$	2
10 ~ 20	3
20 ~ 30	7
30 ~ 40	5
40 ~ 50	A
50 ~ 60	1
합계	20

(1) 계급의 개수를 구하시오.

_____

(2) A의 값을 구하시오.

_____

(3) 도수가 가장 큰 계급을 구하시오.

_____

(4) 기록이 10회 이상 30회 미만인 학생은 몇 명인지 구하시오.

_____

(5) 기록이 40회 이상인 학생은 전체의 몇 %인지 구하시오.

_____

14 다음 도수분포표는 학생 40명의 던지기 기록을 조사하여 나타낸 것이다. 이 도수분포표를 히스토그램으로 나타내시오.

던지기 기록(m)	학생 수(명)
20^{이상} ~ 25^{미만}	2
25 ~ 30	8
30 ~ 35	10
35 ~ 40	13
40 ~ 45	7
합계	40

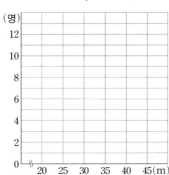

15 오른쪽 히스토그램은 용화네 반 학생들의 일주일 동안의 컴퓨터 사용 시간을 조사하여 나타낸 것이다. 물음에 답하시오.

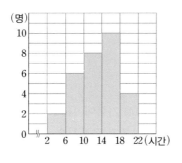

(1) 계급의 크기를 구하시오.

───────

(2) 계급의 개수를 구하시오.

───────

(3) 도수가 가장 큰 계급을 구하시오.

───────

(4) 반 전체 학생은 몇 명인지 구하시오.

───────

16 아래 히스토그램은 민혁이네 반 학생들의 100 m 달리기 기록을 조사하여 나타낸 것이다. 다음 설명 중 옳은 것은 ○표, 옳지 않은 것은 ×표를 ( ) 안에 쓰시오.

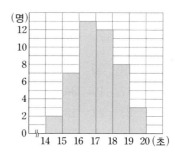

(1) 계급의 크기는 2초이다.　　　　(　)

(2) 계급의 개수는 6이다.　　　　(　)

(3) 도수가 가장 작은 계급은 14초 이상 15초 미만이다.　　　　(　)

(4) 기록이 18초 이상인 학생은 6명이다.
　　　　　　　　　　(　)

(5) 반 전체 학생은 45명이다.　　(　)

(6) 기록이 16초 미만인 학생은 전체의 20 %이다.
　　　　　　　　　　(　)

6 도수분포다각형

17 다음 도수분포표는 학생 30명의 국사 점수를 조사하여 나타낸 것이다. 이 도수분포표를 도수분포다각형으로 나타내시오.

국사 점수(점)	학생 수(명)
50^{이상} ~ 60^{미만}	3
60 ~ 70	5
70 ~ 80	8
80 ~ 90	10
90 ~ 100	4
합계	30

↓

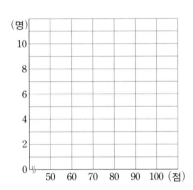

18 오른쪽 도수분포다각형은 지연이네 반 학생들의 여름 방학 동안의 봉사 활동 시간을 조사하여 나타낸 것이다. 물음에 답하시오.

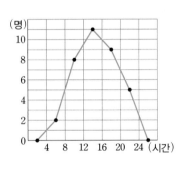

(1) 계급의 크기를 구하시오.

_____

(2) 계급의 개수를 구하시오.

_____

(3) 반 전체 학생은 몇 명인지 구하시오.

_____

(4) 도수가 가장 작은 계급의 학생은 몇 명인지 구하시오.

_____

19 아래 도수분포다각형은 선혜네 반 학생들의 1분 동안의 맥박 수를 조사하여 나타낸 것이다. 다음 설명 중 옳은 것은 ○표, 옳지 <u>않은</u> 것은 ×표를 ( ) 안에 쓰시오.

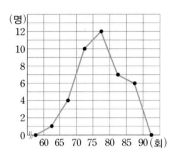

(1) 계급의 크기는 5회이다. ( )

(2) 계급의 개수는 8이다. ( )

(3) 반 전체 학생은 35명이다. ( )

(4) 맥박 수가 72회인 학생이 속하는 계급의 도수는 12명이다. ( )

(5) 맥박 수가 80회 이상인 학생은 13명이다. ( )

(6) 맥박 수가 65회 이상 75회 미만인 학생은 전체의 35%이다. ( )

20 다음 상대도수의 분포표는 연희네 반 학생들이 1학기 동안 도서관에서 대여한 책의 수를 조사하여 나타낸 것이다. 표를 완성하시오.

대여한 책의 수(권)	학생 수(명)	상대도수
$2^{이상} \sim 4^{미만}$	6	
4 ~ 6	14	
6 ~ 8	16	
8 ~ 10	10	
10 ~ 12	4	
합계	50	

21 다음 상대도수의 분포표는 영섭이네 반 학생들의 하루 수면 시간을 조사하여 나타낸 것이다. 물음에 답하시오.

수면 시간(시간)	상대도수
$5^{이상} \sim 6^{미만}$	0.1
6 ~ 7	0.2
7 ~ 8	0.35
8 ~ 9	0.25
9 ~ 10	0.1
합계	1

(1) 수면 시간이 6시간 이상 7시간 미만인 학생은 전체의 몇 %인지 구하시오.

_____

(2) 수면 시간이 7시간 미만인 학생은 전체의 몇 %인지 구하시오.

_____

(3) 수면 시간이 8시간 이상인 학생은 전체의 몇 %인지 구하시오.

_____

22 다음 상대도수의 분포표는 설미네 반 학생들의 미술 점수를 조사하여 나타낸 것이다. 표를 완성하시오.

미술 점수(점)	학생 수(명)	상대도수
$50^{이상} \sim 60^{미만}$	4	0.1
60 ~ 70		0.2
70 ~ 80		0.3
80 ~ 90		0.25
90 ~ 100		0.15
합계		1

23 다음 상대도수의 분포표는 진선이네 반 학생들의 키를 조사하여 나타낸 것이다. 물음에 답하시오.

키(cm)	학생 수(명)	상대도수
$145^{이상} \sim 150^{미만}$	7	0.14
150 ~ 155	B	C
155 ~ 160	15	0.3
160 ~ 165	10	0.2
165 ~ 170	6	0.12
170 ~ 175	3	D
합계	A	E

(1) A의 값을 구하시오.

_____

(2) B의 값을 구하시오.

_____

(3) C의 값을 구하시오.

_____

(4) D의 값을 구하시오.

_____

(5) E의 값을 구하시오.

_____

24 다음 상대도수의 분포표는 수지네 반 학생들의 매달리기 기록을 조사하여 나타낸 것이다. 이 표를 도수분포다각형 모양의 그래프로 나타내시오.

매달리기 기록(초)	상대도수
4^{이상} ~ 8^{미만}	0.1
8 ~ 12	0.15
12 ~ 16	0.4
16 ~ 20	0.3
20 ~ 24	0.05
합계	1

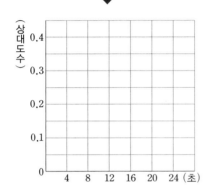

25 다음 상대도수의 분포표는 어느 공연장에 입장한 관객의 입장 대기 시간을 조사하여 나타낸 것이다. 이 표를 완성하고, 도수분포다각형 모양의 그래프로 나타내시오.

대기 시간(분)	관객 수(명)	상대도수
10^{이상} ~ 20^{미만}	5	0.1
20 ~ 30	7	
30 ~ 40	15	
40 ~ 50	14	
50 ~ 60	9	
합계	50	

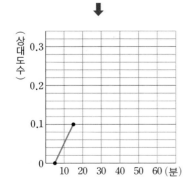

26 다음 그래프는 어느 중학교 학생 200명의 사회 점수에 대한 상대도수의 분포를 나타낸 것이다. 물음에 답하시오.

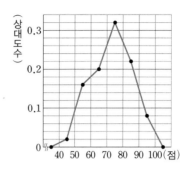

(1) 상대도수가 가장 큰 계급을 구하시오.

_____

(2) 상대도수가 가장 큰 계급의 도수를 구하시오.

_____

(3) 사회 점수가 85점인 학생이 속하는 계급의 학생은 몇 명인지 구하시오.

_____

(4) 사회 점수가 60점 미만인 학생은 전체의 몇 % 인지 구하시오.

_____

(5) 사회 점수가 60점 이상 80점 미만 학생은 몇 명인지 구하시오.

_____

27 다음 그래프는 A반 학생 40명과 B반 학생 60명의 영어 점수에 대한 상대도수의 분포를 함께 나타낸 것이다. 물음에 답하시오.

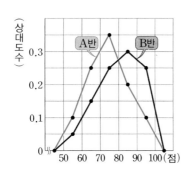

(1) A, B 두 반 중에서 영어 점수가 50점 이상 60점 미만인 학생의 비율이 더 높은 반은 어느 곳인지 말하시오.

(2) A, B 두 반 중에서 영어 점수가 80점 이상인 학생의 비율이 더 높은 반은 어느 곳인지 말하시오.

(3) B반에서 영어 점수가 70점 이상 80점 미만인 학생은 몇 명인지 구하시오.

(4) A반에서 영어 점수가 80점 이상 90점 미만인 학생은 몇 명인지 구하시오.

(5) A, B 두 반 중에서 영어 점수가 상대적으로 더 높은 반은 어느 곳인지 구하시오.

28 아래 그래프는 어느 중학교 1학년 학생 250명과 2학년 학생 300명의 100 m 달리기 기록에 대한 상대도수의 분포를 함께 나타낸 것이다. 다음 설명 중 옳은 것은 ○표, 옳지 않은 것은 ×표를 (   ) 안에 쓰시오.

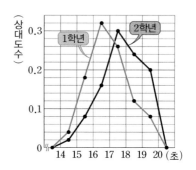

(1) 1, 2학년 중에서 기록이 15초 이상 16초 미만인 학생의 비율은 1학년이 더 높다.　　　　(　　)

(2) 1, 2학년 중에서 기록이 18초 이상인 학생의 비율은 1학년이 더 높다.　　　　(　　)

(3) 1학년에서 기록이 16초 미만인 학생은 1학년 전체의 16 %이다.　　　　(　　)

(4) 기록이 16초 이상 18초 미만인 1학년 학생은 145명, 2학년 학생은 138명이다.　　　　(　　)

(5) 1학년 학생들의 기록이 2학년 학생들의 기록보다 상대적으로 더 좋은 편이다.　　　　(　　)